CENTRO DE APOYO MECANIZADO A CULTIVOS AGRÍCOLAS

CENTRO DE APOYO MECANIZADO A CULTIVOS AGRÍCOLAS

IGNACIO ALFREDO ABARCA VARGAS

ISBN: Tapa Blanda 978-1-5065-1483-3
Libro Electrónico 978-1-5065-1484-0

Información de la imprenta disponible en la última página.

Fecha de revisión: 23/06/2017

Para realizar pedidos de este libro, contacte con:
Palibrio
1663 Liberty Drive
Suite 200
Bloomington, IN 47403
Gratis desde EE. UU. al 877.407.5847
Gratis desde México al 01.800.288.2243
Gratis desde España al 900.866.949
Desde otro país al +1.812.671.9757
Fax: 01.812.355.1576
ventas@palibrio.com
463045

ÍNDICE

INTRODUCCIÓN.

CON ESPECIAL ÉNFASIS A LOS hoy estudiantes de ciencias agrícolas que se encuentran en tránsito por las Ciencias Agropecuarias en las Universidades del país, y de manera particular para aquellos que cursan la asignatura de Mecanización Agrícola, es como se ha pensado y dado forma al texto que presentamos. En el se aborda el basamento fundamental de la operación de la maquinaria agrícola. A partir de el se espera de pié a la estructuración integral de un Centro de Apoyo Mecanizado (CAM) a la producción de cultivos, que como centros o como centrales de maquinaria agrícola, que hasta éste momento su consolidación y logro productivo no se ha logrado.

En México se dispone de antecedentes más o menos documentados acerca de las experiencias en las centrales de maquinaria agrícola. Las que han funcionado a través de los años más como organismos de buena intensión que como parte importante en la operación de una de las fuentes de recursos agromecánicos de apoyo a los productores agropecuarios. Todo parece indicar que el poco éxito de los organismos mencionados se deba a la falsa idea de conceder un peso mayor a los fines que a los medios. Podemos identificar esos fines con algunos ejemplos: realizar de manera barata, eficiente y oportuna la preparación de los suelos para la siembra y de las subsecuentes labores que dichos cultivos requieren hasta la obtención de la cosecha; de máquinas y herramientas de labranza modernas y confiables como medio para permitir eliminar al máximo los retrasos en razón a descomposturas; asignación oportuna de la maquinaria según los requerimientos de usuarios y ciclos de trabajo demandados por los cultivos; y para reducir los altos costos que por maquila o renta de maquinaria se cobran.

Algunos de los medios que se minimizan son: la ausencia de criterios formales para la selección adecuada de equipo según características; la falta de un estudio técnico objetivo para realizar la selección de maquinaria así como para su adquisición y recambio; personal de apoyo directo encargado de programar operar, mantener y evaluar el trabajo de la maquinaria agrícola con deficiente preparación especializada; limitadas o nulas instalaciones, equipo y herramientas para realizar el trabajo de mantenimiento; y poca atención dedicada a la consulta de los manuales del operador que los fabricantes de equipo ponen a disposición del usuario.

En este texto nos centraremos en los aspectos técnicos mas que en los administrativos o legales. Pretendemos abordar los fundamentos técnico-científicos de las máquinas agrícolas. En los primeros capítulos trataremos las características e historia de las maquinas agrícolas. Enseguida vendrán los temas relativos a combustibles, control de temperatura, para seguir con una descripción de los sistemas y los principios de física aplicada. En la segunda mitad del texto entraremos en detalles acerca de los suelos agrícolas, los métodos y prácticas de labranza que desembocarán en los estudios para el cálculo de costos por hora de labor y por hectárea. En los anexos hemos incorporado una serie de formatos generales para recopilar datos que les permitan analizar y determinar los costos reales para una adecuada toma de decisiones hacia la rentabilización de las tareas agrícolas.

En este punto es importante señalar que enfocamos el trabajo de los centros de mecanizado como una empresa que debe ser eficiente y eficaz. La eficiencia es la relación entre los logros conseguidos y los recursos empleados para conseguirlo (ser eficiente es hacer mas con menos gasto). Y la eficacia es la capacidad para lograr lo que se propone. La combinación de ambos conceptos solo es posible si entendemos organizadamente el centro como una entidad integrada por las 3 P's: Personal, Producto y Proceso. Aunque en este caso el producto es mas un servicio.

El personal es el factor medular que dinamiza o entorpece el servicio. Se requiere personal (tractoristas, peones, mecánicos generales y especializados, ayudantes, administradores, etc.) adecuadamente capacitados, consientes de la importancia de su labor y comprometidos con sus tareas.

El Producto (o servicio) debe ser estructurado adecuadamente para la zona, el tipo de labores agrícolas que se desarrollan, planeado y programado de acuerdo a criterios objetivos bien definidos y siempre orientado por la calidad y hacia la satisfacción de los usuarios y partes interesadas.

Los Procesos es la secuencia de acciones para hacer un producto o brindar un servicio. Deberán establecerse de acuerdo a las características del centro, los recursos disponibles y las políticas definidas. Típicamente el o los Procesos transforman insumos en resultados y se organiza en torno a 4 etapas: Planeación, Realización, Medición y Ajuste. Preferentemente los procesos y sus etapas deben quedar establecidos en un Manual de Procedimientos y conocido por todos en el centro y las actividades realizadas de conformidad al manual. Las tres P's deben estar perfectamente equilibradas para que el centro de mecanizado cumpla apropiadamente con su tarea.

Aquí, lo que se pretende es describir de manera sencilla y práctica el cómo, el cuándo y el porqué de cada uno de los movimientos básicos que deben realizarse con la maquinaria agrícola, sea esta tractorizada o de tecnología tradicional. Y cuyo fin último es dar el apoyo a la producción de alimentos tanto para consumo humano como animal.

Los apartados que se abordan en el texto están conformados por temas relacionados con la operación de las máquinas agrícolas y se busca que sean de utilidad no sólo para los estudiantes que cursan ciencias agrícolas sino también sean un apoyo para los encargados de la administración y manejo de la maquinaria agrícola donde quiera que esta se encuentre.

Toda la maquinaria agrícola -cuando se adquiere- viene acompañada con un manual de operador cuya fin es el de instruir a los usuarios tanto de los ajustes iníciales como de la operación y de su mantenimiento. Sin embargo muy pocas son las personas cercanas a las máquinas agrícolas asiduas a consultar dicho manual, ya sea para enterarse o para dar solución a un problema o realizar un ajuste específico. La costumbre más común es buscar la solución con el amigo, el vecino o el compadre, lo cual ha situado toda la operación de las máquinas agrícolas en un círculo de ineficiencia y altos costos, costos que se han reflejado negativamente en el sistema primario de producción prácticamente desde que se uso el primer tractor agrícola en nuestro país allá por el año de 1920.

El texto que aquí se presenta tiene como fin el de poner en la perspectiva correcta los temas relacionados con los tractores, los implementos de labranza, las máquinas de siembra y de cosecha, así como de muchas de las máquinas de uso especializado en su relación con la eficiente producción de cultivos. Desde luego que el aspecto mas importantes aquí abordado es la interacción existente entre la actividad de campo, las máquinas agrícolas, el rendimiento, los costos de cultivo, la economía, y en general el desempeño de la empresa dedicada a producir cosechas. El enfoque de un centro de apoyo mecanizado a los cultivos deberá verse y tratarse como una empresa, donde su fin es de beneficio social, pero el tratamiento a lo largo de su desempeño deberá ser el de una empresa, no tanto para generar lucro sino el de optimizar los recursos con que cuenta.

Es importante subrayar el tema de la evaluación de campo, donde se expone la técnica de medir el desempeño y eficiencia del equipo autopropulsado y de las herramientas de labranza. Además se incluye un método matemático para calcular la pérdida de potencia del motor de combustión interna; también los cálculos para estimar la resistencia que el suelo presenta al corte por las herramientas de labranza, y finalmente abordar el método matemático de los cálculos de costos por hora y por hectárea de una labor, sea esta tractorizada o de tecnología tradicional. Tareas que se deben abordar en toda finca productiva que aspire a rentabilizar su producción. Lo que no se mide no se controla y lo que no se controla significa una pérdida económica para el negocio.

Este texto incluye una serie de anexos que serán útiles para realizar ejercicios prácticos y un diagrama para la implementación ideal de un Centro de Apoyo Mecanizado (CAM), que se complementa con un listado de herramientas y equipo mínimo necesario que normalmente se requiere para la realización de ajustes, mantenimiento preventivo y correctivo de las máquinas agrícolas. Los modelos de formato son útiles para hacer la programación de uso de la maquinaría, para facilitar su seguimiento, para facilitar su evaluación y para facilitar la estimación de la eficiencia de campo, todo ello con el propósito de obtener los costos por hora y por hectárea, que son, al final de cuentas la manera más simple de estimar el valor real de la eficiencia de una empresa agrícola.

Quisimos concluir este texto bosquejando la nueva agricultura o la agricultura del futuro. Como hemos destacado la producción agrícola debe controlarse adecuadamente. Desde el enfoque empresarial la producción agrícola está integrada por las Personas, los Productos y los Procedimientos (3 P's) en una suerte de baile armónico, correctamente balanceado y perfectamente sincronizado. En la agricultura del futuro, que de hecho ya se viene gestando desde hace una década mas o menos, la precisión y sincronización son conceptos clave. De hecho la nueva agricultura así se denomina, "Agricultura de Precisión". Ya existe la tecnología para controlar con bastante precisión la aportación de nutrientes, agua, agroquímicos; la caracterización del predio y sus cambios estacionales; los programas computacionales o aplicaciones que relacionan y correlacionan todos esos datos en un mapa georeferenciado. Por supuesto que esta agricultura de precisión ya incide en un nuevo tipo de maquinaria agrícola que paso a paso va automatizando la producción, optimizando el uso de los agroinsumos pues las nuevas máquinas con sus poderosos sensores entregan el insumo en la cantidad y el lugar que se requiere, todo lo cual significa un menor desperdicio, menor contaminación, uso óptimo de un recursos cada vez mas escaso como es el agua y en consecuencia mejores cosechas. Este último capítulo lo desarrollamos en conjunto con mi hijo, un técnico industrial de treinta años de experiencia en la educación tecnológica y el ámbito de la extensión industrial, la innovación y los nuevos enfoques. El capítulo final es tan solo un apunte, un bosquejo del futuro de la agricultura que esperamos sea abordado por los nuevos profesionales en ciernes aportando su creatividad, su gusto por el desarrollo de nuevos dispositivos electrónicos y de aplicaciones informáticas acordes a las necesidades y características de la agricultura mexicana.

Finalmente quisiera invitar a los colegas profesores para que hicieran de este texto un texto dinámico y vivo; un texto que se vea enriquecido con sus comentarios y sugerencias y desde ahora agradecemos sus aportaciones para que esto sea posible en aras de la mejor preparación de los nuevos Profesionales de la Agricultura.

EL AUTOR

Capítulo 1

TRACTORES AGRÍCOLAS

1.1 Tipos de tractores
1.2 Motores de combustión interna
1.3 Leyes aplicables al motor de combustión interna
1.4 Principios de física aplicada

1.1 Tipos de tractores

Los tractores diseñados para realizar trabajos en los cultivos agrícolas, como situación cotidiana, todos ellos vehículos de baja velocidad, de entre más o menos kilómetro y medio hasta los 35 kilómetros por hora, así como de alta potencia tanto en la toma de fuerza como en la barra de tiro, de entre los 20 caballos hasta los 350 caballos (HP)

No obstante dicha generalidad, no todos los tractores son útiles para realizar la gran variedad de trabajos que son requeridos cotidianamente en la explotación agrícola. Toda vez que unos trabajos son pesados, como la roturación del suelo, y otros en cambio son livianos, como los de siembra, escarda o aplicación de agroquímicos. Atendiendo a la consideración anterior, es de conveniencia hacer unas aclaraciones al respecto. Por ejemplo, los tractores agrícolas, y por consiguiente las maquinas y herramientas de labranza como equipo es especifico destinado a la realización de labores de campo, han sido diseñados y construidos bajo normalidades que son de estricta observancia mundial, de las cuales se citan algunas de las más conocidas como: ASAE (American Society of Agriculture Engineers) SAE (Society of Automotive Engineers) API(American Petroleum Institute) ASTM(American Society of Testing Materials) AGMA (American Gear Manufacturers Association) y NLGI (National Lubricating Grease Institute)

Bajo alguna de las normalidades citadas, se podrán encontrar las que se usan para identificar tanto los tipos como las categorías, las configuraciones y la potencia de cada tractor, de cada máquina, de cada herramienta y de cada equipo especializado que se encuentre a la venta en todo el mundo. De tal forma que se puedan ver tanto su utilidad como las características en el diseño de cada tractor u equipo especifico, a fin de proveer las respuestas a las necesidades que algún cultivo en particular demande y, que cumpla su función de la manera más eficiente posible.

Considerando que en el conocimiento y observancia de las normas están implícito el dominio del cálculo matemático requerido para hacer la correcta selección, tanto del tractor como de la maquina o herramienta de labranza, idónea a la labor que se ha programado realizar.

En consecuencia, tanto los diseñadores de la maquinaria como centros de prueba, estaciones de experimentación, colegios de agricultura, y todos aquellos que de alguna forma guardan una relación con el mercado de las maquinas agrícolas, estén de acuerdo más por sentido común que por disposición legal, puesto que no se tiene nada al respecto dentro de la norma, en que se indique que los tractores agrícolas se ubiquen en dos tipos y dos configuraciones, pero,de acuerdo a la costumbre así queda expresado y, en ese sentido, se tiene que:

Dos son los tipos de tractor. Un tipo es el tractor de orugas o carriles, y el otro tipo es el de rodado neumático o de llantas.

Iniciamos el tema con el primer tipo de tractor, es decir, con el tractor de carriles.

El tractor de carriles o de orugas, es un tractor que por sus altos costos, tanto para su adquisición como para su operación y mantenimiento, se tiene relegado en muchas tareas del área agrícola.

Con ello no se pretende decir que el tractor de carriles deje de ser apropiado para la realización de muchos trabajos en beneficio de la producción agrícola, al contrario, hasta ahora sigue siendo de gran valor como fuente de poder para la roturación, movimiento y nivelación de suelo, ya que la forma en que se distribuye su peso total lo hace ideal para desarrollar el trabajo pesado bajo condiciones difíciles de campo, con la ventaja de compactar el suelo al mínimo, lo cual no se logra con otros tractores. Por ejemplo, el tractor de carriles tiene una característica por demás particular que esta relacionada con la distribución de su peso total, peso que esta dado en la forma siguiente: Tres cuartos de su peso, es decir 75%, se localiza en la parte delantera y un cuarto, el restante 25%, en la parte trasera cuando el tractor transita sin realizar trabajo alguno jalando las herramientas de labranza. Caso contrario, cuando el tractor jala una herramienta de labranza en el suelo al realizar un trabajo, el peso se distribuye en la mitad, 50%, en la parte delantera y 50% en la parte trasera; de tal forma que se establece un perfecto balance en la relación suelo tractor para conferir un equilibrio ideal a fin de que opere en forma segura y eficiente bajo cualquier condición de campo. Luego, esas relaciones de peso favorecen los ajustes en el tractor para que se mantenga el patinaje dentro de los rangos óptimos del ±10%, con lo cual se ayuda, tratándose de suelos agrícolas, a controlar la compactación del suelo. Por lo ya mencionado, queda implícito que la limitante mayor del tractor de carriles en la agricultura es de carácter económico y no de carácter técnico, toda vez que aun en algunas de las explotaciones agrícolas más rentables su empleo puede llegar a ser, en algún momento, de alto riesgo para la economía de la empresa y de sus sistemas financieros en general. Se aclara que la distribución de peso ya mencionada en el tractor de carriles opera también en los tractores de tracción total a las cuatro ruedas, lo cual va de acuerdo a la figura que se muestra en seguida.

Figura 1. Tractor de carriles

Por lo expuesto, el tractor de carriles ha encontrado empleo adecuado en las labores propias de la ingeniería civil: presas, obras ferroviarias, conjuntos habitacionales, obras portuarias, etc., donde el recurso económico pocas veces representa mayor problema.

Bajo esa consideración se decidió, empleando un criterio algo arbitrario, el abordar en este texto únicamente los temas que se relacionan con aquellas maquinas que son algo mas versátiles y mas económicas para el laboreo agrícola.

Tal es el caso del otro tipo de tractor. El tractor de rodado neumático, o de llantas como se le conoce mejor, el cual es ampliamente aceptado en el campo mexicano, y con el cual más relación tendrá el profesionista encargado de atender tanto su administración como su operación, evaluación y costeo. Tareas cotidianas mediante las que se buscará que este tipo de apoyo agromecánico, en conjunto con una herramienta de labranza, sea lo más redituable posible en el desempeño de la explotación agrícola.

Factor importante en el desempeño del tractor de rodado de neumáticos, a diferencia del tractor de carriles, es la distribución de peso total que se da de la manera siguiente: Un cuarto de su peso, 25%, se localiza en la parte delantera del tractor, en tanto que los otros tres cuartos, 75%, se localizan en la parte trasera cuando no es arrastrada una herramienta mediante la barra de tiro o el enganche de tres puntos. Y todo el peso del tractor, 100%, se mueve hacia el eje trasero cuando se arrastra una herramienta de labranza mediante la barra de tiro; por lo tanto, el lastrado del tractor, ya sea con agua o con hierro, para ajustar el patinaje y la estabilidad en el campo a la hora de trabajar, se convierte en la base que prácticamente está representando alrededor del 95% de la CEC (capacidad efectiva del campo) del tractor.

Figura 2. Tractor rodado neumático de doble tracción

Respecto a la configuración de los tractores agrícolas, esta responde fundamentalmente a dos criterios técnicos, los cuales se encuentran relacionados con la forma en que es transmitida la potencia generada por el motor de combustión interna hacia las ruedas motrices del tractor.

Una de las formas de transmisión de potencia, esta referida a los tractores donde el eje trasero lo usan para transmitir esa potencia hacia las ruedas motrices; en este caso son las ruedas mas grandes puesto que las ruedas chicas tienen la función de dar sentido de dirección al tractor.

Dentro de la forma de transmisión de potencia descrita se sitúa el tractor de doble tracción o tracción auxiliar en el eje delantero, toda vez que el tractor continua utilizando el eje trasero como fuente principal de potencia pero, al ser instalado un sistema extra de diferencial en la parte delantera, el tractor lo utilizara como recurso auxiliar de potencia a fin de mejorar su eficiencia de campo bajo condiciones difíciles de operación.

Figura 3 Tractor rodado neumático de tracción sencilla

La otra forma se da en los tractores que desarrollan tracción total a las cuatro ruedas, es decir en los tractores con tracción total, cuya característica principal, aunque no la única, es poseer todo el rodado de un mismo diámetro tanto en el eje trasero como el eje delantero.

Luego, entra el otro criterio técnico que se refiere a los componentes mecánicos del tractor, mediante los cuales se pueden hacer modificaciones en el ancho de trocha tanto en el eje delantero como en el eje trasero gracias al eje estándar o al eje telescópico. De tal forma que en los tractores, de acuerdo al eje delantero que tengan instalado, tendrán capacidad de trabajo mayor para la roturación del suelo con un eje estándar o mayor adaptación para realizar el trabajo de cultivo entre surcos con un eje telescópico.

Figura 4 Tractor rodado neumático de alto despeje (cultivador)

Capítulo 2

CARACTERÍSTICAS BÁSICAS DE LOS TRACTORES

CON BASE EN LO ANTES expuesto, se tiene posibilidad de disponer de tractores ubicados en alguna de las siguientes seis configuraciones:

a)- Tractores estándar o de trocha común. (El eje delantero no es ajustable)
b)- Tractores todo propósito o para hileras. (El eje delantero es ajustable)
c)- Tractores de alto despeje. (Para la aplicación de agroquímicos)
d)- Tractores de perfil bajo (para huertas)
e)- Tractores con tracción auxiliar en el eje delantero. (doble tracción)
f)- Tractores con tracción total. (tracción en el eje delantero y eje trasero)

TRACTORES ESTÁNDAR.

Los tractores estándar se identifican por tener un despeje bajo, es decir, distancia reducida de la barra de tiro al suelo en más o menos 0.45 metros, lo cual obedece principalmente al tipo de neumático con que se equipan que son por lo general de lado más ancho y de diámetro algo más reducido. Pero, sobre todo, el eje delantero de dirección es de una sola pieza, por lo tanto no se pueden hacer ajustes en la trocha delantera del tractor lo cual limita su adaptación en los cultivos que se siembran en hileras. Sin embargo, los tractores del tipo estándar encuentran apropiada utilización en las labores donde se requiere un optimo aprovechamiento de la potencia generada por el motor de combustión interna, tal es el caso de trabajos como los de roturación, desterronado, nivelación y movimiento del suelo por medio de algún tipo de arado, de rastra, de cuchilla terraseadora, o de escrepa.

Respecto a los rangos máximos y mínimos de potencia que desarrollan los tractores estándar, no tienen límite alguno, puesto que se fabrican desde los que desarrollan unos 20HP, hasta los que desarrollan 300 HP ±, de ahí que tractor estándar por las características que se han mencionado no encuentra mucha aceptación entre los productores agrícolas, sobre todo en lo que respecta a nuestro país.

TRACTORES TODO PROPÓSITO.

Los tractores todo propósito o para hileras, como su nombre lo indica, encuentran acomodo en casi todo los trabajos que una explotación agrícola demanda; tales como los de aradura (roturación del suelo), el desterronado (rastreo), nivelación, surcado, siembra, escarda, así como la aplicación de agro-químicos, y de cosecha con equipo movido a través de la toma de fuerza. Respecto a su configuración, esta se caracteriza básicamente por tener un despeje un poco más alto que el del tractor estándar, de unos 0.60metos medidos de la barra de tiro al suelo. Luego, tanto en los ejes trasero como delantero disponen de sistemas para realizar los ajustes de trocha que requiera determinado cultivo a sembrarse en hilera; situación que viene a posicionar al tractor todo propósito como de mayor preferencia por el productor agrícola en nuestro medio.

Nuevamente se hace la aclaración, respecto al despeje, que este se obtiene por medio del tipo de neumático con que son equipados, los cuales son de piso más estrecho y de diámetro más alto que de los tractores de rodado estándar.

TRACTORES DE ALTO DESPEJE.

Los tractores de alto despeje son en general del tipo todo propósito, sin embargo, cuentan con la característica de poseer un despeje mucho más alto que el tractor para hileras normal, toda vez que el despeje se ubica entre los 0.80 metros, medidos desde la base en la barra de tiro al suelo, la cual es una distancia que se requiere por la mayoría de los cultivos de escarda en la etapa de crecimiento, maíz por ejemplo, para labores de beneficio con productos químicos. Dentro de este tipo de tractor, se han desarrollado recientemente maquinas mucho más altas con despejes ajustables que rondan el metro como mínimo hasta ± los dos y medio metros. Tractores que encuentran acomodo en los cultivos mucho más especializados que los tradicionales de escarda, los cuales se siembran en grandes extensiones de terreno en donde el objetivo es el de obtener la mayor rentabilidad de la inversión realizada.

TRACTORES DE PERFIL BAJO

Los tractores de perfil bajo o huerteros, se han diseñado básicamente para realizar su trabajo en lugares estrechos; tales como los callejones de las huertas, jardines, locales cuyo destino sea el de almacenar granos, forraje, o de algún otro sitio que por tamaño y características de los tractores convencionales no sea fácil acceder a ellos. El diseño de este tractor, aparte de ser de tamaño reducido, es el de poseer un despeje bajo, tipo estándar, tener incorporados salpicaderos para las cuatro ruedas pero, sobre todo, la posición del tubo de escape para los gases quemados del motor de combustión interna por debajo del bastidor y ejes de propulsión del tractor, es decir algo similar al escape de los automotores. Respecto a la potencia de estos tractores, anda entre 20 y los 80 caballos (HP), salvo en los casos de aquellos tractores de mayor especialización en donde la potencia puede llegar a 250 HP

TRACTORES DE TRACCIÓN AUXILIAR.

Los tractores de tracción auxiliar en el eje delantero se consideran, en forma general, como tractores de tracción en el eje trasero, sin embargo, haciendo la substitución del eje delantero de dirección normal por uno de sistema diferencial incorporado, se tiene un tractor de doble tracción capaz de realizar, bajo condiciones difíciles de campo, su trabajo en forma eficiente pero a un costo de operación algo más alto que el que se tendría con un tractor de tracción al eje trasero. No obstante ello, el mayor costo tanto en la compra como en la operación y en el mantenimiento se ve compensado a través del mejor índice de eficiencia de campo, lo cual a fin de cuentas, es lo que se busca al operar maquinas agrícolas para producir cosechas.

La tracción auxiliar en el eje delantero, por lo general se obtiene a través de los engranes de la caja de cambios del tractor y una flecha cardan conectada por uniones universales con el sistema diferencial delantero. En algunos casos se usan motores hidráulicos para tal fin, los cuales van conectados en el mismo diferencial delantero y son accionados a través del propio sistema hidráulico de tractor.

TRACTORES DE TRACCIÓN TOTAL A CUATRO RUEDAS.

Los tractores con tracción en las cuatro ruedas- eje trasero y eje delantero- son por lo regular tractores grandes y potentes, es decir de alto caballaje de potencias tanto en la toma de fuerza como en la barra de tiro. Y se ofrecen con características de diseño por demás particulares, tal es el caso de sus sistemas de dirección y de un diámetro igual para los dos ejes de tracción. La configuración de estos tractores respecto a sus sistema de dirección, se aparta un poco de la dirección de los otros tractores ya descritos. En efecto, para los tractores con tracción total a las cuatro ruedas se presentan dos formas de obtenerla, es decir, son dos tipos de dirección por demás peculiares: Uno de los dos tipos se da a través de un eje articulado, el otro tipo es a través de un eje de dirección. En el sistema de eje articulado, la dirección se opera mediante dos armazones separadas donde, en la parte delantera, se encuentra situado el motor de combustión interna, la caja de cambios y el eje delantero de dirección. Luego en la parte trasera se sitúa el sistema diferencial, el eje trasero de tracción, el sistema hidráulico, la toma de fuerza y la barra de tiro y enganche de tres puntos. Las armazones separadas están interconectadas por un pivote central, el cual es accionado por la fuerza hidráulica del tractor para obtener de esa forma el sentido de dirección; quebrado, literalmente, el tractor por su parte media.

El sistema de eje de dirección opera a través de una armazón rígida, que en realidad es por la que se conforma todo el tractor agrícola, de tal manera que los cuatro extremos de los ejes de tracción, tanto delantero como trasero, le dan el sentido de dirección por medio de la fuerza hidráulica. La dirección, a diferencia del sistema articulado, puede ser operada a través del eje delantero solamente, o puede ser operada a través del trasero, o puede operarse de manera simultánea en los dos ejes –delantero y trasero

Capitulo 3

CRONOLOGÍA DE DESARROLLO Y FABRICACIÓN

TODAS LAS CONFIGURACIONES DESCRITAS, LAS características inherentes y las ventajas de cada una de ellas, son innovaciones que en algo más de cien años se han desarrollado para mejorar los tractores y las herramientas de labranza. Con dificultades de mayor o menor cuantía en todos los casos, con el fin de hacer más eficientes y cómodos tanto unos como otros a fin de que se puedan realizar más rápido, mejor, y a menores costos las labores demandadas en la producción agropecuaria.

Dentro de innovaciones, se puede citar algunas, de las muchas realizadas, que han sido mejor documentadas y por ello más conocidas en el entorno de la mecanización agrícola. Para la cual iniciaremos con unos datos que hablan de algunos grabados de la cultura egipcia de hace poco mas de 6000 años, donde se ven unas palas con una forma de horqueta y puntas, al parecer de piedra, que eran usadas como azadones. Un poco más tarde incorporan al sistema de labranza una horqueta más larga con el fin de jalarla mediante la fuerza animal o humana.

Luego, por los años del 3600, es cuando, al parecer, gracias al pueblo sumerio, se debe el aparejamiento de los animales domesticados para jalar los arados hechos de madera.

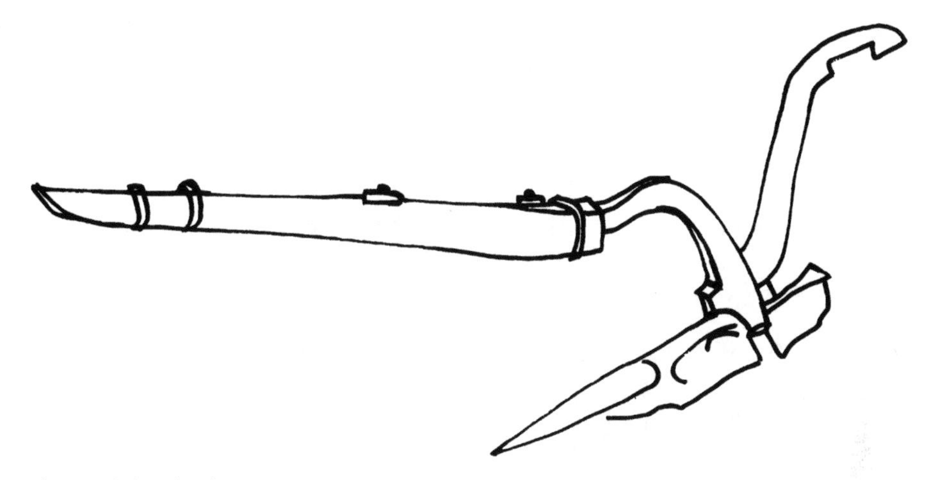

Figura 5 Arado timonero para tracción animal

Sin embargo, en los próximos 2600 años aparentemente no se da cambio alguno que pueda ser considerado, puesto que es hasta el año de 1721 cuando aparece un arado con la reja de hierro fundido y vertedera incorporada, arado jalado por tracción animal. Por esa época, en el año de 1730, es cuando el arado de tipo romano, deficiente eh incomodo para su operación y manejo, es introducido al norte europeo. Arado que básicamente es un arado timonero pero con un casquillo de hierro en la punta de la reja.

En el año de 1750, se desarrolla el arado ingles de tipo Essex, dotado de vertedera de hierro.

En el año 1760, aparece una vertedera curva en otro arado ingles de tipo Suffolk oscilante.

En 1797, se concede la primera patente para un arado de vertedera en los Estados Unidos de Norteamérica, la cual es obtenida por Charles Newbold. Con el antecedente de que para esa época los agricultores no aceptaron de manera fácil ese tipo de arado, toda vez que tenían la idea de que con el hierro de la vertedera se incrementaba la presencia de malezas y el suelo se envenenaba

Para el año de 1798, Thomas Jefferson, empleando cálculos matemáticos, diseña un arado de vertedera, el cual esperaba sirviese para la roturación de todo tipo de suelos.

En el año de 1813, se obtiene una patente por R.B Chenoworth, de Baltimore, para una arado de hierro fundido con reja vertedera y resguardador separados.

En el año de 1819, recibe las patentes Jethro Wood para el diseño de sus arados en hierro fundido con verterá curva, por medio de la cual se hacían una inversión del prisma de suelo.

En el año de 1820, se introduce la cultivadora de un escardillo, la cual era jalada por un tiro de caballos

En el año de 1833, se desarrolla el primer arado de reja con tres secciones, hecho de acero, en el cual se uso el material de desecho para corte de madera de los aserraderos, siendo logrado por John Lane.

Cuatro años después en 1837, John Deere utilizando una hoja usada de aserradero fabrico un arado compuesto de vertedera en una sola pieza mediante el cual se podía trabajar bien en los suelos pegajosos

En el año 1846, se comienza a usar la cultivadora montada sobre un armazón con ruedas que era jalada por un par de caballos.

Para el año 1847, se concede la patente para un arado de discos.

En el año de 1865, se conceden dos patentes: una para un arado montado en dos ruedas tipo calesa ligera, la otra para una cultivadora de manceras usada en el beneficio de los cultivos en hilera, la cual era jalada por un tiro de caballos.

En el año 1860 las limitantes de trabajo y la gran demanda de alimento y fibras motivado por la guerra civil en Norteamérica propicia y estimula la inventiva para el desarrollo de más grandes y mejores herramientas de labranza. Como resultado de ello, en ese mismo año se da comienzo al uso de los arados cultivadores de cinceles

En el año de 1863, las cultivadoras de dos ruedas y asiento para el peón se convirtieron en el suceso comercial del año. Y al año siguiente se patenta un arado de rejas y doble vertedera de uso en la apertura de surcos jalado por un tiro de caballos

En el año 1868, John Lane, quien 35 años antes había fabricado el arado de tres secciones, usando una sierra manual vieja, logra la patente para una vertedera de arado hecha de acero de centro suave. Vertedera que hasta la fecha sigue usándose en casi todos los arados de reja y vertedera.

En el año de 1869, se concede la patente para la rastra de dientes flexibles, y ocho años mas tarde se concede patente para la rastra de disco cóncavo; toda vez que las rastras anteriores tenían discos de corte recto

En el año 1880 se inicia en gran escala la producción comercial de la rastra de discos por la Compañía Keystone Manufacture, ubicada en Sterling Ilinois. En el transcurso del mismo año se da inicio a la producción comercial de escardillos cultivadores.

En el año 1884, se introduce el primer arado cama equipado con tres ruedas para nivelar, el cual era jalado por un tractor con motor de combustión externa. Seis años después el arado cama multidisco es introducido al mercado, arado que también era jalado por un tractor con motor de combustión externa.

Figura 6 Arado de reja para tracción animal

En el año de 1900, se comienza a usar las cultivadoras para dos surcos jaladas por un tiro de caballos.

En el año de 1912, luego de que son introducidas comercialmente, se comienzan a utilizar las cultivadoras rotatorias. Es unos años después, en 1914- 1918, cuando por motivo de la primera guerra mundial, se presiona de nuevo al sector primario de la producción por alimento y por fibras. Ante la escasez de mano de obra se impulsa de nuevo el desarrollo de la mecanización tractorizada, de tal forma que en 1918 se construye un tipo de cultivadora para hileras accionada por tractor y es la compañía B F. Avery la que introduce al mercado dicha cultivadora.

En el año de 1920, se desarrollan los primeros elevadores mecánicos de trinquete para subir los arados de reja y verterá de tirón. Es ese mismo año, cuando se efectúa la primera de las pruebas de Nebraska. Pruebas que al inicio tenían la intención de proteger a los agricultores en el estado de

Nebraska del posible engaño por parte de los pocos fabricantes y vendedores de maquinaria existentes en esa época. De ahí que, bajo esa consideración, fue como se llega al momento de establecer normas mediante las que se pudo evaluar a los tractores que se trataba de vender en ese estado. A partir de ahí, todas las pruebas que son realizadas en dicha Universidad de Nebraska, tienen valides como norma de operación para los tractores en todo el mundo. Independiente de otras normas más recientes, como por ejemplo las que son de origen europeo (Inglaterra y Alemania básicamente)

En el año de 1924, se introduce el tractor para hileras de tipo triciclo, en el cual se disponía de la potencia de los tractores de cuatro ruedas pero con la facilidad del manejo requerido en campos sembrados en surcos. En ese mismo año, se desarrolla la rastra de discos excéntrica.

Figura 7 Esquema seccionado de tractor agrícola

En el año de 1927, la Sociedad de Ingenieros Agrícolas (ASAE), logra establecer una serie de normas para regular la operación de los ejes toma de fuerza en todo tractor para uso agrícola.

Normas que permitieron uniformar con precisión tanto en diámetros, dimensión, número de estrías, dirección de giro y velocidad de rotación en los ejes toma de fuerza de los tractores agrícolas. Ese mismo año, el arado rastra logra un gran impulso de ventas.

En el año de 1928, es introducido el primer elevador mecánico en los tres tipos de tractor, mediante el cual se hizo posible el desarrollo del enganche integral de tres puntos. Facilitándose con ello alzar los implementos de labranza en las cabeceras del campo bajo cultivo.

En el año de 1930 se introduce comercialmente en Norteamérica el arado roto cultivador que estaba siendo fabricado en Suiza. Ese año también, son desarrollados los elevadores del tipo mecánico para cultivadora. Y en Inglaterra, se desarrolla el enganche universal de tres puntos para los tractores agrícolas, el cual es ideado por Harry Ferguson. En Norteamérica, el mismo enganche es introducido el año de 1939

En el año de 1932, se introduce los primeros neumáticos de baja presión en los tractores agrícolas, mediante los cuales se logra obtener considerablemente economía en combustible, ya que el mayor consumo en esa apoca era propiciado por el gran deslizamiento del tractor en el suelo propiciado por las ruedas metálicas que eran empleadas en el eje de tracción

En el año de 1933, se comienza a usar comercialmente los motores de combustión interna de tipo diesel en los tractores agrícolas, propiciando un mejor aprovechamiento del poder calórico que proporciona esta clase de combustible.

En el año 1935, se introduce en los tractores agrícolas el motor de combustión interna de alta relación de comprensión para ser usado con gasolina. Mediante el cual se hizo posible la obtención del mejor uso del poder antidetonante de los combustibles, ya que por esa época se estaba usando plomo para tal fin. En ese mismo año, el Departamento de Agricultura de los Estados Unidos, ubica el Laboratorio Nacional de Maquinas de Cultivo en Auburn, Alabama

En el año de 1939, se introduce el enganche hidráulico de tres puntos, mediante el cual se logra facilitar en campo la operación de equipo integrado a los tractores agrícolas.

De nuevo, los años 1939-1945 dan entrada a la segunda guerra mundial con la concebida demanda de productos agrícolas, una mayor mecanización y menos mano de obra disponible para la agricultura.

En el año de 1948 se introduce en los tractores agrícolas fabricados en Norteamérica las primeras tomas de fuerza de operación independiente. Toda vez que en las anteriores tomas de fuerza que eran accionadas mediante el sistema de embrague del tractor, se limitaba mucho la flexibilidad de operación en campo del equipo accionado por la toma de fuerza.

En el año de 1952 se introduce la dirección asistida por fuerza hidráulica en los tractores de uso agrícola, dirección mediante la que se facilito en gran medida la maniobrabilidad de los tractores bajo condiciones difíciles de campo, toda vez que el mayor peso y tamaño tanto de los tractores como de la herramienta de labranza que se venía fabricando, hacia difícil las maniobras en los campos labrantíos mediante las direcciones mecánicas de uso generalizado en los tractores agrícolas de la época.

En el año de 1958 se introduce en el sistema de tren de transmisión de los tractores agrícolas las relación alta-baja, mediante la cual se logra duplicar la cobertura entre rangos de velocidad y de potencia en el tractor.

En el año de 1959, es introducida la caja de cambios semiautomáticos, mediante la cual se hizo posible realizar movimientos en relación de engranes sin accionar el embrague en el tractor

En el año de 1964, se introduce el sistema hidráulico de centro cerrado en algunos tractores agrícolas, sistema mediante el cual se logra aumentar la capacidad de operación en muchas de las funciones del sistema, permitiendo de esa manera realizar diferentes trabajos al mismo tiempo apoyados por la fuerza hidráulica del tractor, lo que a diferencia del sistema de centro abierto, es posible hacerlo aun a bajas revoluciones de operación en el motor de combustión interna del tractor.

Y en el año de 1967, fecha de las últimas innovaciones significativas, se incorpora al sistema de tren de transmisión del tractor agrícola la primera caja de cambios operada totalmente por la fuerza hidráulica. Mediante la cual es posible obtener un uso suave sostenido a través de la potencia generada por el motor de combustión interna del tractor. Logrando uniformar de ese modo tanto la potencia como la velocidad bajo cualquier condición de campo en que esté operando el equipo.

Capitulo 4

FUENTES DE POTENCIAS PARA LAS LABORES AGRÍCOLA

MOTORES DE COMBUSTIÓN INTERNA

AL MATEMÁTICO Y ASTRÓNOMO HOLANDÉS Christian Huygens se debe el primer intento de hacer funcionar un motor quemado combustible dentro de un cilindro, hecho ocurrido por el año de 1680. Casi doscientos años después, en 1860, otro ingeniero francés de nombre Jean J Lenoir hace funcionar un motor de su propio diseño, usando para tal fin el gas del alumbrado como combustible. Enseguida, dos años después, 1862, otro ingeniero de nombre Alphonse Beau de Rochas, establece el principio de funcionamiento de trabajo ciclo de cuatro tiempos. Del que, en base a dicho principio, corriendo el año de 1876, el técnico alemán Nikolaus August Otto logra la construcción del primer motor de combustión interna y al igual que Lenoir, uso gas de alumbrado como combustible.

Luego, por el año de 1885, se facilita el funcionamiento del motor de combustión interna al ser desarrollado un carburador, por medio del cual se pudo llevar a vaporizar la gasolina. De tal forma que por ese hecho se consiguió sustituir el gas de alumbrado que se estaba usando como combustible por la gasolina. Combustible de mas fácil manejo y aprovechamiento en los motores de combustión interna. En el desarrollo del carburador intervienen por un lado Gottlieb Daimler en Alemania y, por el otro, Fernando Forest en Francia. Un año después, Karl Benz, en Alemania, obtiene la patente de un vehículo autopropulsado por medio de un motor de combustión interna para el uso de gasolina como carburante.

Es en el año de 1892 cuando el ingeniero y doctor alemán Rudolf diésel concibio la idea de inflamar combustible inyectándolo en un ambiente de aire sometido a alta presión y temperatura, dentro de un cilindro, en un motor de combustión interna. Y cinco años después el Dr. diesel logra construir una maquina que operó, no sin grandes dificultades, y bajo el principio antes citado, un prototipo de motor para inflamar un destilado de petróleo crudo.

DE LAS LEYES APLICABLES AL MOTOR DE COMBUSTIÓN INTERNA

La termodinámica es la rama de la física que aborda el calor y sus relaciones con la energía y el trabajo. También estudia los cambios de estado y cambios de fase ya que estudia los estados de equilibrio a nivel macroscópico por medio de las magnitudes extensivas o no extensivas. Y precisamente en estas últimas reside la importancia de abordar el tema en este libro. Las magnitudes no extensivas se derivan de las extensivas. Como magnitudes no extensivas nos ocuparemos de la temperatura, la presión y la fuerza electromotriz ya que abordaremos al motor de la maquinaria agrícola como un sistema termodinámico en equilibrio en donde ocurren transformaciones o intercambios desde un estado de equilibrio hacia otro por virtud de las interacciones entre sistemas (carga, combustible, energía) hasta que finalmente el sistema vuelve a su estado de equilibrio (mecánico, térmico y/o material) Esta desestabilización del sistema, en sentido práctico y lo que ocurre en ese inter, es lo que se aprovecha para la realización del trabajo agrícola, todo ello a partir de las condiciones iniciales hasta otras condiciones finales definidas, ya que la maquinaria agrícola se considera como un sistema abierto desde la perspectiva de la termodinámica. En específico abordaremos las siguientes leyes:

La termodinámica.
De Boyle Mariotte.
De Gay Lussac.
De Boyle Mariotte y Gay Lussac.
De calor y energía.
De relación de comprensión.

De los principios de la termodinámica citaremos dos de ellos ya que es en donde se encuentra la base de aplicación para los motores de combustión interna. El primer principio o primera ley de la termodinámica, establece que "La energía ni se crea ni se destruye, solo se transforma", de ahí, por la segunda ley, se establece que el proceso de transformación de energía es irreversible.

Por lo tanto, ampliando el concepto, se puede decir que la energía mecánica puede ser convertida totalmente en calor, pero, con respecto a la energía calórica esta no puede ser convertida de nuevo en energía mecánica. Respecto a lo que en la ley de Boyle–Mariotte se establece, esta dice que una masa gaseosa puede ser comprimida y del producto obtenido su presión por su volumen, dicho producto será constante mientras igual se mantenga constante su temperatura. En cuanto a la ley de Gay Lussac, esta llega a la conclusión de que mediante el cambio en la temperatura de masa gaseosa, se logran unos cambios directos tanto en el volumen como en la presión, de forma tal que cuando se aumenta la temperatura del gas pero es mantenido inalterado su volumen, el gas tendera al incremento de presión; al caso contrario, al aumentarse la temperatura a presión constante se aumentará así mismo, en ese orden, el volumen del gas.

Luego entra Robert Boyle en escena con el primer intento de realizar mediciones exactas en los cambios de una sustancia, del aire en este caso, para lo cual paso por alto especificar en su experimentación que la temperatura dentro de un espacio cerrado debe mantenerse constante, con el fin de que la reducción de la muestra del aire con respectó a la presión aplicada registre cambios exactos.

Pero Edme Mariotte, experimentando independiente de Boyle, estableció la importancia de la temperatura a lectura constante con el objeto de que la citada ley sea valida. Es quizá, por ese cruce de datos que en Europa, Irlanda cuna de Boyle y Francia cuna de Mariotte, a esta ley se le conozca como la ley de Mariotte.

Luego, de las combinadas de Boyle- Mariotte y de Gay Lussac,se obtiene el principio del funcionamiento de los motores diesel. Al amparo de las dos leyes se puede decir, de manera resumida, que el aire siendo un gas aspirado por el desplazamiento del embolo dentro del cilindro del motor, ahí al ser comprimido en la cámara de combustión, en razón a la fuerza ascendente del embolo dentro del cilindro, se propiciara el aumento tanto de presión como de temperatura; el combustible, al ser inyectado en el aire extremadamente caliente que es una consecuencia de la reducción del volumen a que fue sometido dentro de la cámara de combustión, se inflamara espontáneamente para que se produzca una fuerte expansión de los gases dentro del cilindro y esos gases, ejercen a su vez, una fuerte carga sobre la corona del embolo para generar de esa forma energía mecánica.

Es Joseph Louis Gay-Lussac, que tuvo por cuna Francia, invirtiendo los argumentos que fueron propuestos por los ingleses Nicholson y Carlisle, de la electrolisis mediante la que se descompone el agua en hidrogeno y oxigeno, descubrió que dos volúmenes de hidrógeno al combinarse con un volumen de oxigeno da como resultado agua. De hecho, llego a establecer que cuando se combinan los gases entre si para formar compuestos siempre lo hacen en una proporción de números enteros pequeños. De tal forma que Gay Lussac, a partir de ello, establece la ley de los volúmenes de combinación.

Entonces pues, en los motores de gasolina, el mismo principio tiende a producir resultados con mucho diferentes, toda vez que la gasolina se inflama a temperaturas algo más bajas que el combustible diesel. En consecuencia, la gasolina al encontrarse en un ambiente donde existe una temperatura mucho más alta que la establecida en la relación de comprensión, responderá produciendo golpeteo dentro del cilindro del motor, debido a la ignición prematura del combustible, es decir, se genera una pre-ignición de la gasolina mucho tiempo antes de que el embolo alcance el punto muerto superior en su carrera ascendente dentro del cilindro, por lo tanto, la pre-ignición se presenta como resultado directo de una temperatura alta, mas no por el efecto de una chispa eléctrica como debe ser en este tipo de motores.

El proceso descrito se comprenderá mejor una vez que se conozca el principio fundamental que rige la destilación de los combustibles derivados del petróleo crudo.

Mediante un sencillo esquema, que se presenta en seguida, se ilustrará de manera básica pero detallada los fundamentos que rigen la destilación del petróleo. Con la obligada acotación del tema ya que lo presentado no es la única forma de obtener combustibles a partir de petróleo crudo, puesto que se dispone además de otros métodos; por ejemplo a) el de cracking (fractura molecular) de las fracciones, b)- keroseno, c) destilado de aceite diesel y d) otros productos, al someterlos a altas temperaturas y presiones.

Por lo tanto, atendiéndose al esquema planteado que hasta ahora no se había tocado, el cual está referido a la relación de compresión, se estará, en posibilidad de entender más ampliamente el otro proceso; el proceso de la combustión interna de los motores que operan con sistema de gasolina y en los motores que operan con el sistema diesel.

Primero, véase lo relacionado a la destilación del petróleo que se presenta en seguida.

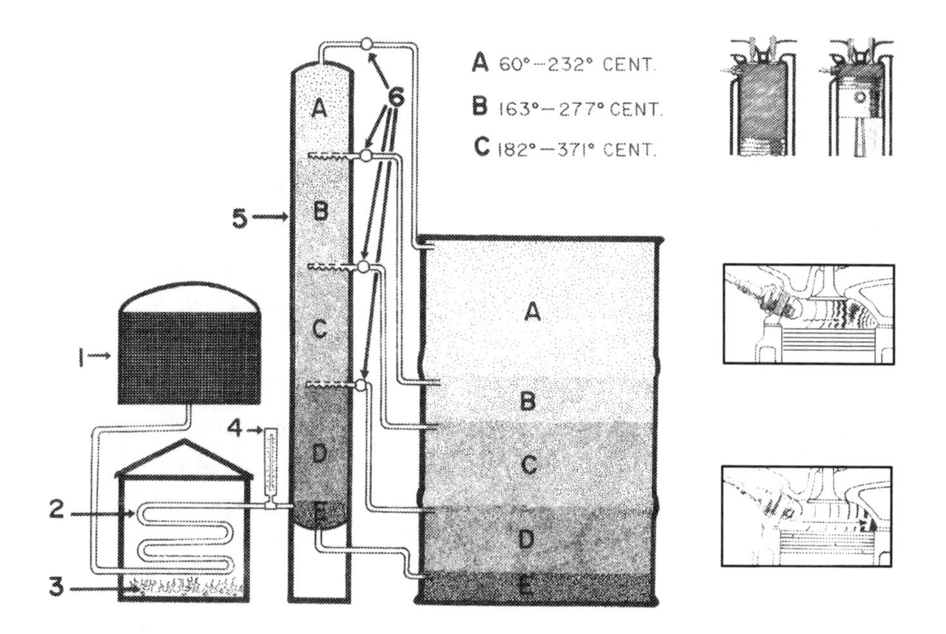

Figura 8 Esquema de torre para destilación de petróleo crudo

Donde el depósito (1) contiene el petróleo crudo, el cual pasa por la tubería, (2) a través del horno de calentamiento (3) el cual funciona a temperatura lenta y controlada por medio del fuego. Se controla en acuerdo a lectura que se esté registrando en el termómetro (4), requerido tanto para ver el inicio como el final de la destilación. A partir de ahí los gases desprendidos del petróleo pasan a la torre principal de fraccionamiento (5) y luego a través de los condensadores (6) que los depositan en cada uno de los diferentes recipientes que contienen los combustibles ya destilados.

El proceso en la destilación de la gasolina da comienzo al calentarse la tubería de circulación a una temperatura de 60° C. Momento en que empiezan a desprenderse del petróleo crudo los primeros vapores y gases. A partir de ahí se mantiene a una temperatura constante de 232°C, hasta que sale la última gota del destilado. La especificación de gasolina (en general) se efectúa controlando la temperatura inicial. Desde que salen las primeras gotas a través del condensador, se establece el punto inicial de ebullición, se sigue calentando y tomando la temperatura indicada necesaria a fin de vaporizar del 10 al 100% del volumen total de petróleo en etapas sucesivas de 10% cada una hasta conseguir la vaporización final a los 232° C.

Para la destilación del queroseno (combustible para lámparas), se calienta el petróleo, que está ya parcialmente destilado, hasta una temperatura inicial a 163 °C, temperatura generalmente aceptada como la del punto de ebullición del queroseno, en el que su destilación termina con una temperatura constante de 277°C, temperatura mantenida hasta que la última gota de queroseno sale de los condensadores.

Para que se produzca el aceite combustible que es empleado en los motores del tipo diesel, se usa también petróleo parcialmente destilado, el cual es extraído de los condensadores a una temperatura inicial de 182°C y una destilación final a 371°C.

Siguiendo con el proceso de destilación, al irse aumentando la temperatura, del petróleo restante a temperatura controlada, se obtienen los otros productos derivados tales como los aceites y grasas lubricantes y, finalmente residuos como son asfaltos y alquitranes.

Ahora si, la diferencia de operación entre los sistemas a gasolina y los sistemas a diesel tiene su fundamentación en las relaciones de comprensión con que se han diseñado cada uno de los sistemas en cuestión.

La observación atenta de cada uno de ellos y su respectiva relación de comprensión, deja en claro que estas relaciones en motores a gasolina se encuentran a la mitad de lo que se disponen para los motores a diesel. Esto significa que en general la relación de 8.5 a 1 en la gasolina (aunque se dieron relaciones más bajas en los primeros motores, de 6 a 1), representa apenas la mitad de una relación 15.5 a 1 de un motor a diesel. Pero, la pregunta obligada del tema que abordamos. Cuál es la conexión entre destilados de petróleo crudo, relaciones de comprensión, temperatura y, pre-ignición en los motores de tipo a gasolina.

En principio, la gasolina tiene como punto final de destilación la temperatura de 232° C por lo tanto con una presión de 11.6 atmósferas generadas en el segundo tiempo de trabajo en la carrera de compresión del motor resulta en que el contenido de la mezcla de aire-gasolina dentro del cilindro explotara de manera espontanea sin necesidad de chispa eléctrica, es decir, se da una pre-ignición o golpeteo dentro del cilindro.

Por lo que el problema se resuelve al diseñar la cámara de compresión para todos los motores a gasolina de tal manera que su relación de compresión no lleguen a superar las 9 atmósferas dentro del cilindro para que de esa forma la mezcla aire–gasolina pueda explotar normalmente y típicamente martillante sobre la corona del embolo, sirviéndose para ello del auxilio de una chispa eléctrica, una bujía, y de todo un sistema eléctrico diseñado a fin de hacerlo posible.

En los motores de tipo diesel, el aire puro aspirado dentro del cilindro es comprimido a unas 30 atmósferas, lo cual genera una temperatura de 600°C a nivel de la cámara de compresión del motor. Luego, el aceite combustible de tipo diesel tiene como punto final de su destilación la temperatura de 371°C; por lo tanto a esos 371°C de temperatura, se inflama la totalidad del aceite diesel que es inyectado al final del ciclo de comprensión. Sin embargo, como ya se menciono, la temperatura existente en la cámara de compresión es de 600°C, pero aquí no se da una pre-ignición tal como sucede con los motores a gasolina, porque en los motores del tipo diesel, el combustible es inyectado casi al final de la carrera de compresión, lo cual propicia que al hacer contacto con el aire extremadamente caliente que existe en la cámara de compresión se empiece a quemar de forma gradual y continuada durante todo el recorrido del embolo en el cilindro a lo largo del tercer tiempo, produciendo trabajo sostenido desde que se inicia el recorrido en el punto muerto superior hasta que termina en el punto muerto inferior. Es decir se da una combustión gradual puesto que no llega nunca a ser violenta o martillante como el caso de la gasolina. De ello se deduce que en el motor tipo diesel, el problema no es una alta temperatura asociada a una alta compresión dentro del cilindro, el problema es la baja temperatura que no permite la inflamación del combustible cuando al interior de dicha cámara existan menos de 182°C. Lo cual es equivalente a una compresión de 9.4 kilogramos por centímetro cuadrado.

Toda vez que para los motores tipo diesel no se disponen de bujías ni de todo un sistema eléctrico para el encendido de combustible, se dispone, eso si, ya sea de bujías incandescentes que ayuden a calentar el aire aspirado dentro del cilindro, o de algún sistema de pulverizado de componentes químicos (éter por ejemplo), que hacen mucho mas inflamable el combustible al estar frió el motor en la etapa de puesta en marcha a baja temperatura ambiente.

Entonces pues, el motor tipo diesel fue pensado, creado y diseñado para quemar un aceite combustible más barato, en todo sentido, usando para ello el resultado directo de muy altas temperaturas y prescindiendo, para tal fin, del auxilio de una chispa eléctrica.

Capítulo 5

OTRAS CARACTERÍSTICAS INHERENTES A LOS COMBUSTIBLES

DADO QUE EL COMBUSTIBLE DESTILADO del petróleo, junto con el aire, es el elemento básico para el funcionamiento de los motores de combustión interna, reviste la mayor importancia llegar a conocer no solo su destilación si no también algunas de las otras características que dan su sello particular.

En efecto, una de esas características es el "índice de cetano", el cual es un valor arbitrario que ha sido designado para indicar la facilidad con que un combustible se inflama en el motor de combustión interna. Porque la calidad de inflamación del combustible tiene influencia directa sobre la facilidad en el arranque y en la posterior suavidad de funcionamiento del motor. Especialmente cuando se esta operando bajo régimen de carga intermitente lo cual, además, se ve influenciado por la volatilidad del combustible. En consecuencia, los combustibles cuyas temperaturas para la destilación sean altas se deberá disponer de un numero cetano comparativamente elevado con el fin de que se obtenga el mejor desempeño de operación, sobre todo en los motores de tipo diesel.

Es necesario aclarar que la mayor parte de los combustibles comerciales que están a la venta en México, Estados Unidos y Canadá, se encuentran dentro del régimen 43y 50 cetanos. Por lo tanto, cuando el motor deba operar bajo carga continua o a temperaturas superiores a los 15.5°C, es recomendable usar combustible cuyo índice se encuentre entre los 40 y 43 cetanos. Sin embargo, dicho índice no deberá utilizarse cuando el motor tenga que funcionar bajo régimen de carga variable a cualquier condición de temperatura.

Luego por otro lado se tiene el "índice octano" que es una medida de la calidad y capacidad antidetonante de las gasolinas para evitar las detonaciones y explosiones en las máquinas de combustión interna. Para el fin se toman como referencia hidrocarburos como iso-octano, que es poco detonante, (2,2,4 trimeltilpentano), y se le asignó un índice de octano100 y al n-heptano, (que es muy detonante), un índice de octano de 0.

En acuerdo a dicha escala, se llama numero de octanos u octanaje en determinada gasolina al tanto por ciento en volumen de la mezcla iso-octano y n-heptano que posea como poder antidetonante la gasolina en cuestión, de tal forma que una gasolina de 95 octanos, tendrá el mismo poder antidetonante que una mezcla compuesta por 95% de isooctano y de 5% de n- heptano.

En realidad, actualmente la tendencia en la industria automotriz es la de construir los motores para que trabajen con gasolina entre los 76y 92 octanos.

Volviendo a los motores tipo diesel; punto importante a considerar es su menor costo de operación cuando se comparan con un motor de sistema a gasolina. Desarrollando ambos tipos de motor una potencia igual medida en el volante de inercia de cada uno de ellos. Considerando, así mismo, que el menor costo no es únicamente reflejo de un precio más bajo en el mercado de los combustibles, sino también debido a una mejor eficiencia térmica con que el motor tipo diesel cuenta al ponerlo en comparación con el motor tipo gasolina. Lo cual quiere decir que se requiere de menos litros de aceite combustible tipo diesel para proveer la misma fuerza que un motor a gasolina con igual poder. Además, el motor tipo diesel cuenta con la habilidad del esfuerzo sostenido a la barra de tiro y una mayor torsión a bajas revoluciones de giro. En razón a que el motor tipo diesel, cuando trabaja bajo carga parcial, el regulador de velocidad integrado en la bomba de inyección actúa sobre la entrega de combustible solamente, pero el aire que está siendo aspirado desde la atmósfera hacia la cámara de combustión continua entrando sin restricción alguna.

Mientras que en un motor tipo gasolina se restringen ambos elementos, aire y gasolina, por lo cual de inmediato se ve mermada su eficiencia de funcionamiento. Veamos cual es este efecto.

En el motor a gasolina, la alimentación de la mezcla que entra a la cámara de combustión depende de la velocidad del aire aspirado de la atmósfera, ya que combustible y aire van juntos, y a una reducción de la velocidad debido a una sobrecarga, afectara de manera inmediata la libre alimentación de los cilindros.

Caso contrario, en los motores a diesel, la cantidad de combustible es controlada por la bomba de inyección en la que al tener una merma de velocidad en el motor por sobrecarga, esta tenderá inmediatamente a aumentar la cantidad de combustible hacia los inyectores con el fin de poder vencer el mayor esfuerzo exigido por el motor, manteniendo así su nivel de eficiencia de operación.

Otro de los factores importantes a considerar, es que en el motor de tipo diesel se requiere de una menor cantidad de combustible para desarrollar la misma potencia. Lo cual es una función de una mayor tasa de calor extraído del combustible al ser quemado; calor que al final logra convertirse en energía, toda vez que el motor de tipo diesel existen menos perdida de calor a disipar, tanto a través de las válvulas y del múltiple de escape como también en el sistema de control de temperaturas.

Existe además, una gran diferencia en la forma en que se produce la combustión en ambos tipos de motor. La gasolina es propensa a una inflamación rápida y explosiva, también, es en extremo volátil y su fuerza detonante va actuar de forma violenta sobre la corona del embolo con una acción repentina y martillante

Por el contrario, contrasta la forma en la combustión del aceite diesel la cual se asemeja más a la fuerza del vapor que es de expansión lenta y constante. El combustible diesel no explota, se inflama y continua su combustión y persistente expansión contra la corona del embolo en la mayor parte de su recorrido desde el puntomuerto superior, hasta el punto muerto inferior de la carrera de fuerza; en consecuencia, la temperatura en los gases de la combustión tiende a disminuir enormemente debido a su expansión, por lo tanto, existe una menor perdida del calor a través de la superficie activa de los cilindros hacia el agua del sistema del control de la temperatura del motor. Sistema que se conoce más bien como de enfriamiento sin embargo el termino(sistema de enfriamiento) es cuestionable, toda vez que su función no es de modo alguno la de enfriar el agua; la función del sistema es la de mantener una temperatura de operación del sistema en un rango entre los 90°C y los 110°C, esto con el fin de que el motor de combustión interna no colapse al estar trabajando puesto que dentro de los cilindros y cámara de combustión del motor se dan cambios de temperatura muy drásticos en lapsos de tiempo muy cortos, cambios que bajo cualquier consideración técnica deberán ser controlados. Veamos a detalle cuáles son esos cambios de temperatura.

Los cambios de temperatura que se dan en los motores de combustión interna, del tipo diesel, principalmente, dentro de los cilindros y cámara de compresión son en extremo altos. Tanto como 300 a 500°C durante el cuarto tiempo de trabajo, -carrera de escape-, es decir, cuando se termina la carrera de expansión y los residuos de los gases quemados se deben de expulsar a la atmósfera con el fin de dar principio a un nuevo ciclo de trabajo. Con la primera carrera de aspiración; como de los 600 a los 1600°C durante el segundo y tercer tiempo de trabajo, es decir, al final de la carrera de compresión y al principio de la carrera de expansión -carreras o tiempo de trabajo segundo y tercero-, que comienza desde la compresión del aire aspirado y terminan hasta la inyección del combustible y su inmediata inflamación como resultado de la alta temperatura existente en la cámara de compresión. Entonces pues, lo que se da en variación de temperatura que va desde los 300 y 1600°C, dentro del (los) cilindro(s) del motor de combustión interna, sin que con ello se dañe algún componente del sistema, es debido a un eficiente sistema de control de temperatura. Tan es así que partes como las válvulas de escape, la corona del embolo, los aros del embolo -anillos-, los metales de biela y de bancada del eje cigüeñal, se funden al no tener controladas las temperaturas que se han mencionado. Para ilustrar lo antes dicho, tómese como ejemplo lo siguiente: el plomo tiene su punto de fusión a los 327°C, el antimonio a los 621°C, el bronce a los 913°C, y el hierro dulce a los 1593°C.

Tomando como referencia la guía visual para identificar el color del metal en su punto crítico, es decir de fusión, valga lo siguiente: Un color azul obscuro es de 299°C, un rojo visible a la luz solar es de 581°C, un rojo cereza es de 900°C, un amarillo anaranjado es de 1200°C, y un blanco deslumbrante es de 1600°C.

Capítulo 6

SISTEMAS DE CONTROL DE TEMPERATURA

AHORA BIEN, AUN CUANDO EL sistema de control de temperatura no es el único, pero si uno de los sistemas principales del motor de combustión interna, que frecuentemente se tienen más olvidados en razón a que casi no dan problemas puesto que se ha supuesto que manteniendo a nivel el agua en el radiador es suficiente, lo cual no es tan exacto, puesto que el sistema de control de temperatura es algo más que eso; toda vez que debe ser capaz de mantener la temperatura del agua dentro del límite mínimo- máximo de operación, mientras que al interior de los cilindros del motor, como ya se menciono, se dan variaciones de temperaturas que van de los 300° a los 1600°C.

Una de las causas más frecuentes que afectan la eficiencia del funcionamiento en el sistema de control de temperatura en los motores de combustión interna, especialmente en motores antiguos, es la formación de bolsas de aire caliente dentro de las cámaras de circulación del agua en el bloque principal del motor. Dichas bolsas de aire se localizan por lo general entre el bloque de cilindros y la culata del motor, casi siempre en la parte trasera, de tal forma que aun cuando el sistema este aparentemente lleno de agua a muchas partes de este no le llegará por impedirlo las bolsas de aire caliente mencionadas y, al no haber en esos lugares del bloque, o de la culata del motor, se producirá calentamiento excesivo. También, es muy común la existencia de aire caliente en la cámara de la bomba de agua, precisamente en la parte que aloja el impulsor, atribuible a la turbulencia del agua formada por la alta velocidad de rotación del impulsor. Luego también existen otras causas como son las pérdidas de agua en las conexiones de las mangueras o bien por la empaquetadura del eje de la bomba de agua.

De cualquier forma, en aquellos motores antiguos a los que a medida que se les va aplicando carga y manteniéndolos bajo régimen de velocidad estable va aumentando la temperatura del agua dentro del sistema, y la capacidad del bombeo va disminuyendo en el mismo orden.

En consecuencia, en lugar de mantenerse la capacidad de bombeo inicial, cuando se tenían una temperatura de 60°C o menos, al ir aumentando dicha temperatura va mermando también la eficiencia de bombeo, de tal forma que llegando a los 100°C- a nivel de mar- la capacidad en el bombeo es totalmente nula debido a la existencia de vapor dentro del sistema de control de temperatura. Sin embargo, en los sistemas de control de temperatura bajo presión no pasa lo mismo, puesto que estos sistemas operan independientemente de la temperatura ambiente que prevalezca en el exterior y de la altura sobre el nivel del mar. Por ejemplo, manteniendo una presión de 0.633kg/ $cm^{2,}$ (9 lbs./ $pulg^2$) la capacidad de bombeo es la misma a 60 °C que en el punto de ebullición, es decir, a 100 °C, a nivel del mar.

Con el fin de ilustrar lo mencionado se muestran en seguida dos tablas comparativas con los resultados de una prueba de eficiencia de los sistemas de bombeo de agua. Donde las pruebas que se anotan se tomaron en un sistema de control de temperaturas tradicional, es decir de los motores antiguos, y en un sistema de control a presión que es de norma en la actualidad.

PRUEBA EN SISTEMA TRADICIONAL DE CONTROL DE TEMPERATURA

TEMPERATURA DE AGUA °C	CAPACIDAD DE BOMBEO. lt /min
60	151,4
82,2	128,7
93,32	98,4
98,82	26,4
100,2	0,0 a nivel del mar

Mediante la observación de la tabla expuesta se ve que a medida en que es incrementada la temperatura en el agua, la capacidad de bombeo empieza a decrecer hasta llegar a los 0 litros en el punto de ebullición a nivel del mar.

Sin embargo, la situación se presenta diferente en la relación temperatura-bombeo de agua en un sistema de control de temperatura a presión. Para ello, se expone nuevamente una tabla en donde se muestra los resultados obtenidos.

PRUEBA EN SISTEMA A PRESIÓN DE CONTROL DE TEMPERATURA

TEMPERATURA DEL AGUA °C	CAPACIDAD DE BOMBEO l / min
60	151,4
82,2	151,4
93,3	151,4
98,8	151,4
100	151,4

De lo mostrado, se puede ver que a los 100 °C (Celsius) a nivel del mar, la capacidad de bombeo no tiene alguna variación, es decir, se mantiene constante partiendo de los 60 °C. Además, con el sistema a presión de control de temperatura se logra retardar el punto de ebullición del agua dentro del sistema en 1,6 °C por cada 0,070 kg /cm^2 de presión dentro de la cámara superior del radiador. En consecuencia, en el sistema a presión para el control de la temperatura operando a una presión de 0,492 kg / cm^2 (7 lbs /$pulg^2$) a nivel del mar, apenas comienza a hervir el agua a 112 °C. También, debido a la presión existente en el interior de sistema, se elimina la formación de vapor y las bolsas de aire caliente dentro de las cámaras de circulación de agua del bloque y culata del motor, así como en la cámara de la bomba de agua. La situación contraria hace referencia a los motores de combustión interna más antiguos.

Para el sistema de control de temperatura a presión, el radiador es parte fundamental puesto que una gran parte de la eficiencia de operación de todo el sistema descansa en el. De ahí que su construcción deberá ser más reforzada que en los radiadores que se empleaban en sistemas antiguos, valga el término, de enfriamiento. Caso especifico, los radiadores usados en todos los sistemas de control de temperatura a presión no deben operar abiertos, lo que quiere decir que no pueden tener contacto con la atmósfera puesto que si así fuere también el agua dentro del sistema herviría a 100 °C. La capacidad de disipación de calor que tienen los radiadores de los motores de combustión interna, generalmente se clasifican en acuerdo a la cantidad de aletas que tiene dentro de un espacio 25,4 mm (una pulgada). Por ejemplo, los radiadores de gran capacidad de disipación de calor como los que operan en clima tropical en donde las temperaturas nunca llegan a bajar tanto como a 0°C, tienen una mayor cantidad de aletas, como de 6, 7 u 8, repartidas en los 25,4mm, pero otro radiador que esté operando en clima templado o a gran altura sobre el nivel del mar, puede tener 4, 5, o 6 aletas dentro del mismo espacio.

Otro de los factores importantes a considerar son: la cantidad de tubos de conexión entre el radiador y el bloque de motor, la capacidad de agua dentro del radiador, el diámetro total del ventilador, la cantidad de aspas que tenga y su ángulo de inclinación. Puesto que todo ello en conjunto guarda una estrecha relación respecto al eficiente control de la temperatura dentro del sistema. Pero, sobre todo, factor importante es la cantidad de aletas que tiene el radiador dentro del espacio de los 25,4mm ya mencionado.

Por lo dicho anteriormente, aunque parezca repetitivo, el sistema de control de la temperatura en los motores de combustión interna, su función no es la de enfriar el agua; su función es la de mantener el agua dentro del sistema a una temperatura de operación entre los 90 y 110°C. Temperatura en un sistema a presión, puesto que, en el caso de aquellos motores de combustión interna que frecuentemente funcionan a temperatura de más o menos 65,5 °C, es decir que casi nunca se calientan, que funcionan más bien fríos, lo que procede es corregir esa falla en atención a los siguientes comentarios. En efecto, son muchas las personas que están relacionadas con el uso de maquinaria agrícola que muestran satisfacción porque el motor de combustión interna de su equipo no se calienta, al contrario su operación es más bien fría con un índice medio de temperatura de 65 °C mas o menos.

Sobre el particular se puede decir que en realidad no se tiene una idea clara de las enormes cantidades de dinero que se gastan, además de las pérdidas de tiempo que son originadas por la práctica de realizar reparación y reacondicionamiento de motores en los cuales los daños y desgaste prematuros en sus piezas móviles se debe precisamente al efecto de corrosión que es originada por el funcionamiento del motor demasiado frió. En opinión de los expertos de la ingeniería térmica son más los motores de combustión interna que se dañan por un ambiente de trabajo muy frió en su sistema de control de temperatura, que por un ambiente de trabajo extremadamente caliente.

En efecto, la razón por la cual se produce excesivo y prematuro desgaste en las paredes de los cilindros de un motor de combustión interna, es a causa de la corrosión formada en la superficie pulida de dichos cilindros, situación que se agrava al combinarse con la fricción producida por los anillos de los émbolos en su desplazamiento del punto muerto superior al inferior en ida y vuelta continuamente. La corrosión es producto de la oxidación y la oxidación tiende a producirse en los cilindros de la siguiente manera:

La demanda muchas veces alta en suministro de petróleo crudo hace necesario el empleo de aceites con un alto contenido de azufre en la producción de combustible, situación que trae como consecuencia el aumento de contenido de azufre en los destilados tipo diesel y que dicha producción en nuestro país contenga generalmente un 5 % más de azufre. Por lo tanto cuando el embolo principia su recorrido dentro del cilindro de punto muerto superior (PMS) hacia el punto muerto inferior (PMI), raspa el óxido de carbono producido mediante la unión del hidrógeno del combustible con el oxigeno del aire y el vapor del agua (vapor que es resultado de la unión del hidrógeno del combustible con el oxigeno del aire, formando agua).

Esas reacciones químicas se desarrollan solamente durante el ciclo de combustión, es decir, en el tercer tiempo de trabajo. Formando entre ambas combinaciones junto con el azufre del combustible ácido en extremo corrosivo (sulfúrico principalmente), cuyo material al ser distribuido en las superficie del cilindro como una delgada película oxidante, lo ataca y corroe, transformando dicha superficie en áspera, con lo cual al deslizarse los anillos de los émbolos raspan dicha película con el inevitable desgaste prematuro del motor que ha estado operando frió.

Capítulo 7

SISTEMA DE LUBRICACIÓN

AUXILIAR DEL SISTEMA DE CONTROL de temperatura es el sistema de lubricación del motor ya que por el continuo movimiento del aceite lubricante desde el depósito de aceite-cárter-hasta la barra de balancines, en la parte superior de la culata del motor, ayuda a la disipación del calor generado al interior de la cámara de combustión al retornar por gravedad de nuevo al cárter, acarreando tanto el calor como el carbón, que es un residuo de la combustión.

En efecto, el aceite lubricante sirve, como su nombre lo indica para la adecuada lubricación de las partes bajo fricción del motor; pero, además, sella todos los espacios existentes de las partes móviles como son anillos, bujes, émbolos, cigüeñal, árbol de levas, engranes y cojinetes.

También limpia, puesto que raspa los depósitos de carbón que quedan después de cada carrera de expansión en las paredes de los cilindros y amortigua ruidos que se producen al interior del motor durante su funcionamiento, -sobre todo usando el aceite lubricante estando un poco abajo del nivel óptimo recomendado, muy caliente o es de grado más delgado que el requerido- de forma tal que al usar aceite lubricante, esta debe ser el especifico para cada motor, las condiciones de trabajo, y la temperatura según el clima prevaleciente donde deba operar dicho motor.

Dos son los tipos de sistemas de lubricación con que se equipan los motores de combustión interna de los tractores agrícolas. Uno es de flujo pleno y el otro de flujo en derivación. Lo cual es característica independiente del tipo, marca o fabricante del motor, toda vez que no se tiene antecedente alguno de que existan preferencias por alguno de esos sistemas. Lo que es importante conocer son las características bajo las que opera cada uno de ellos.

Por ejemplo, en el sistema de flujo pleno, el aceite es extraído por la bomba desde el carter para enviarlo a través de la cámara que aloja la válvula de control de presión hacia el elemento de filtrado del aceite. Una vez que el aceite es filtrado pasa a lubricar todos los componentes internos del motor, -cojinetes de bancada, eje cigüeñal, cojinetes de biela, bujes y bulón de los émbolos, árbol de levas, bujes y barra de balancines de las válvulas- para retornar por gravedad de nuevo al cárter del motor.

En el sistema en derivación, el aceite sigue el mismo recorrido hasta la cámara de control de presión. A partir de ahí una parte del aceite pasa al elemento de filtrado y regresado limpio al cárter del motor. La otra parte del aceite pasa directamente a lubricar todos los componentes internos del motor, lo que es lo mismo que decir que es aceite contaminado por residuos de la combustión - carbón para ser exactos. Entonces pues, no es importante cual de los sistemas de lubricación tenga instalado el motor, lo importante es la calidad de los elementos filtrantes en cada uno de ellos, y su recambio a las horas especificadas según es indicado en el manual del fabricante de un motor en particular.

Por ejemplo, en el sistema de flujo pleno, todo el aceite empleado en la lubricación se encuentra totalmente limpio puesto que del cárter pasa primero a través del elemento de filtrado, y de ahí a lubricar todas las partes del motor que están bajo fricción, lo que quiere decir que no existe ninguna partícula abrasiva circulando con el aceite que dañe de inmediato alguna de las partes mencionadas. Luego, en el sistema en derivación una parte de aceite pasa primero por el elemento filtrante, y de ahí total mente limpio al cárter; la otra parte del aceite, pasa del cárter directamente a lubricar todas las partes bajo fricción en el motor, con lo que se entiende que la lubricación se está realizando con el aceite parcialmente contaminado por partículas abrasivas- carbón, residuos de la combustión- como ya se menciono. De ahí que, independientemente al sistema de lubricación que esté integrado al motor, puesto que el desgaste de sus partes sometidas a la fricción por movimiento siempre va a existir. Lo importante entonces, además de utilizar el aceite lubricante de más alta calidad, es el elemento filtrante y, lógico su oportuno recambio por uno nuevo.

Como complemento de lo anterior es conveniente conocer algo de las clasificaciones más comunes de los aceites lubricantes para el motor de combustión interna del tipo a diesel. Toda vez que la calidad, el tipo de servicio y el lugar donde deba operar dicho motor sean de capital interés; así que es conveniente considerar lo que dicen los tres sistemas que hablan de determinada cualidad o característica del aceite lubricante.

Por ejemplo, la característica de viscosidad clasificada por la SAE (Society of Automotive Engineers) se conoce generalmente como grados de viscosidad o grados SAE. Luego, esta también el otro sistema que clasifica los aceites como HD (Heavy Duty) en acuerdo al modo de comportamiento de prueba en el motor y los sistemas de detergencia, por ejemplo la MIL Suplemento 1, Serie 3, etc. Y, la Api (American Petroleum Institute), que tiene algunas clasificaciones que van en acuerdo a los diferentes tipos de servicio en los cuales los aceites pueden desempeñarse mejor como son: ML,o MS, etc

Para el sistema SAE, la clasificación de los aceites para el depósito del cigüeñal o cárter, se da en 7 niveles de viscosidad medidos en Segundos Saybolt Universal. Donde cada uno de los niveles de viscosidad le corresponde un número de viscosidad SAE. Por lo tanto, se debe tomar en consideración que la viscosidad mínima para cualesquiera aceite para cárter dentro de la clasificación SAE, será de 39 SUS (Segundos Saylbolt Universal)a 98,9 °C (3,86 sSa 99 °C). Este sistema considera únicamente la viscosidad como tal sin ningún otro factor. Luego, al ser agregada la letra W en este sistema, se da a entender que está involucrada una viscosidad extrapolada a 17,8 °C y que la viscosidad del aceite se toma a 98,9 °C. Ahora bien, la viscosidad de los aceites tiende a variar con los diferentes grados de temperatura existentes; de tal forma que a baja temperatura el aceite se espesa y su viscosidad es alta, por lo tanto el arranque del motor con un aceite grueso es más difícil. Pero de acuerdo como va en aumento la temperatura, el aceite va tornándose más delgado y su viscosidad disminuye llegando a tal grado que un aceite excesivamente delgado ofrece muy pobre lubricación y un gran consumo de aceite. Los cambios de viscosidad dados en razón a los cambios en temperatura no son de ninguna manera iguales para todos los aceites. Por lo tanto, la medida del cambio de viscosidad en razón al cambio de temperatura dará el índice de viscosidad de un aceite. En consecuencia, entre más alto sea el índice de viscosidad en el aceite, este conservara mejor su estabilidad con respecto a la temperatura. Ahora bien, aceite con alto índice de viscosidad tiene la característica de facilitar el arranque del motor en los climas fríos y proporcionan mejor lubricación en climas donde prevalecen la alta temperatura, del tal forma que su comportamiento puede llegar a cubrir más de un grado de clasificación API de viscosidad. Estos aceites se consiguen como grado múltiple o multigrado, los cuales han sido mejorados mediante el empleo de algún tipo o varios tipos de aditivos naturales, o también, aditivos sintéticos.

Abundando en lo antes dicho, el calor, aun cuando es el componente básico para la operación de los motores de combustión interna -manteniéndolo bajo control- no deja de ser el causante principal en la perdida de energía. Toda vez que cuentan con partes críticas en las cuales se localizan dichas pérdidas, siendo estas partes: el sistema para el control de la temperatura y el sistema de evacuación de los gases de escape. Por lo tanto se cumple la segunda ley de la termodinámica y se a llegado a considerar al motor de combustión interna como el órgano mecánico ineficiente para la producción de trabajo útil. Sin embargo, su alto grado de ineficiencia es compensado por su versatilidad de operación ya que puede ser utilizado de manera fija en un lugar de trabajo para accionar una planta eléctrica, una bomba de agua, un molino u algún otro equipo estacionario y también puede adquirir movilidad al ser instalado en un vehículo terrestre, aéreo o marino.

Capitulo 8

TRANSFORMACIÓN DE ENERGÍA

PARA QUE LOS MOTORES DE combustión interna funcionen adecuadamente al hacer la transformación de la energía química contenida en el combustible a energía calórica y posteriormente a energía mecánica deberán desarrollarse en forma adecuada una serie de procesos. Lo cual quiere decir que en los motores del tipo a gasolina o gas licuado de petróleo, primero, se debe llenar el cilindro del motor con una mezcla compuesta por aire y combustible. En tanto que en los motores de tipo a diésel el cilindro del motor se deberá llenar con aire solamente, para luego inyectar el combustible finamente pulverizado.

En segundo lugar, con la mezcla aire y combustible, o el aire solamente, estos deben ser comprimidos. En tercer lugar la mezcla previa y la mezcla posterior a la compresión deberán ser inflamadas ya sea por una chispa eléctrica o por efecto de alta temperatura, con lo cual se producirá una expansión para generar energía. Cuarto, los residuos que son producto de la combustión realizada deberán ser eliminados a través del sistema de escape del motor.

Hasta aquí se han tratado de manera muy general los motores de combustión interna tanto del tipo a gasolina como del tipo a diesel, sin embargo, el tema fundamental lo ocupa el motor de combustión interna del tipo a diesel como se verá en seguida. Toda vez que los tractores agrícolas en nuestro país México, son de uso general y más populares dentro de la preferencia de los productores agropecuarios.

Resumiendo, en el motor de tipo a diesel de **aspiración natural,** los cuatro tiempos de trabajo descritos-cuatro tiempos divididos en dos vueltas completas del eje cigüeñal, es decir 180° para cada tiempo de trabajo, que es igual a 180 X 4 = 720°, se desarrollan de la manera siguiente:

Primer tiempo o carrera de admisión.

Debido a la primera media rotación del eje cigüeña (180 grados), el embolo se desplaza del punto muerto superior hasta el punto muerto inferior; como resultado de dicho movimiento el aire contenido en el cilindro pierde su densidad, es decir, se origina un vació que propicia la introducción del aire desde el exterior a través del múltiple y de la válvula de admisión, con el fin de que se llene el espacio que el embolo al descender ha dejado libre. Esta entrada de aire, pese a todo, no llega a equilibrarse con la presión exterior, toda vez que la presión al interior del cilindro se mantiene más o menos en un décimo de atmósfera inferior a la presión que se tiene en el lugar que se encuentra operando el motor.

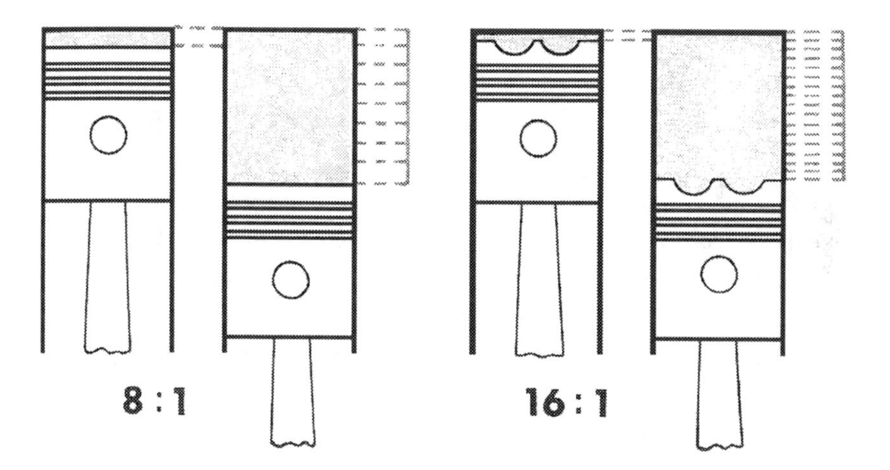

Figura 9 Esquema de relaciones de compresión en motores de combustión interna

Segundo tiempo o carrera de compresión.

En la segunda media rotación del eje cigüeñal, el embolo se desplaza desde el punto muerto inferior hasta el punto muerto superior. Como en ese momento las válvulas tanto de admisión como de escape se encuentran cerradas, el aire que está atrapado en el interior del cilindro no tiene forma de salir, entonces al ser presionado por el empuje del embolo hacia la cámara de compresión se genera una fuerte resistencia que es vencida por la fuerza viva acumulada en el volante de inercia del motor y la fuerza procedente de otros cilindros.

Gracias a la rápida compresión del aire se propicia un aumento en la temperatura que alcanza los 600 °C. Temperatura más que suficiente para la inflamación segura del combustible. En el entendido que antes de finalizar la carrera de compresión y cuando la temperatura alcanza su máximo en ese segundo tiempo, se inyecta el combustible pulverizado –no atomizado– que se inflama de inmediato al encontrar un ambiente caldeado.

Tercer tiempo o carrera de expansión.

Es durante el tercer tiempo cuando realmente se transmite trabajo al eje cigüeña del motor, lo cual da comienzo con la abertura de la tobera de inyección antes del punto muerto superior y su cierre poco después del punto muerto superior, una vez que el embolo se ha trasladado del punto muerto superior al punto muerto inferior dentro del cilindro del motor.

Durante la abertura del inyector, se pulveriza el combustible a interior del cilindro acorde a la carga de motor, siendo la temperatura de compresión existente de 600 °C, temperatura más que suficiente para la mediana inflamación de combustible. Y es por este hecho que se propicia un nuevo incremento de temperatura que alcanza los 1600 °C, al interior del cilindro del motor.

Por la cuarta media rotación del eje cigüeñal, que va del punto muerto inferior hasta el punto muerto superior, el embolo desplazándose en ese recorrido, empuja los restos de combustible hacia la atmósfera a través de la válvula de escape abierta. Una vez que han sido expulsado los gases de la combustión da comienzo a un nuevo ciclo de trabajo. Los gases expulsados por la válvula de escape aun guardan una considerable temperatura, de entre los 300 y 500 °C. De ahí que durante los 4 ciclos de trabajo en el motor a diésel se dan cambios de temperatura al interior del cilindro comprendida entre los 300 y 1600 °C.

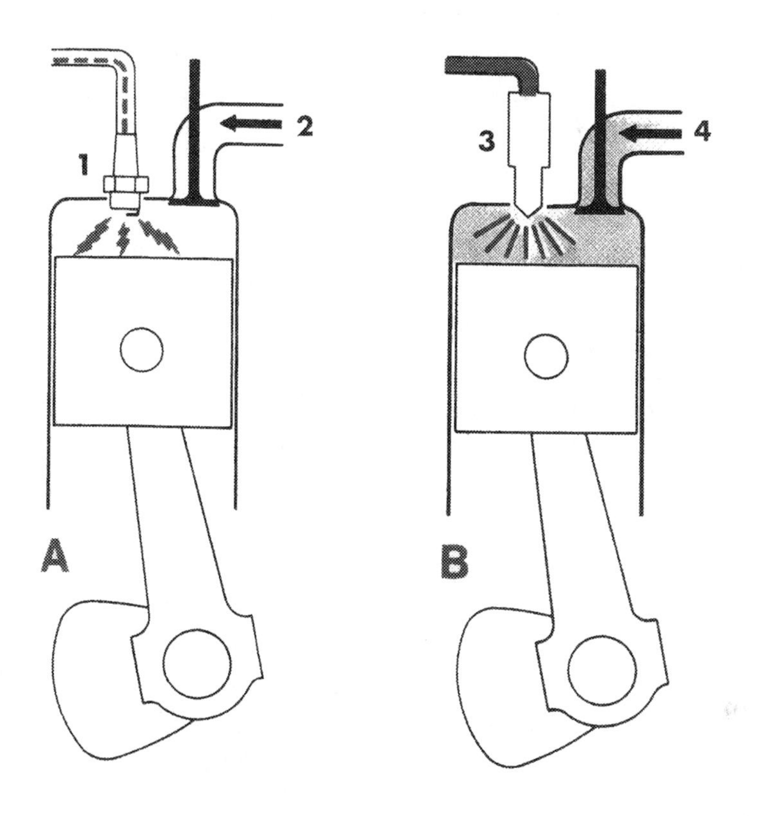

Figura 10 Dos tipos de inyección de combustible (a) gasolina, (b) diesel.

Hasta aquí se ha discutido lo referente al motor de combustión interna tipo diesel basado en el sistema de aspiración natural, es decir, el motor que gracias a su propio esfuerzo provee el aire suficiente para el proceso de la combustión. Es importante aclarar que el término "aire suficiente", no es de ninguna manera sinónimo de combustión óptima. Toda vez que para llegar a cumplir el objetivo de tener una combustión optima se requiere de algún sistema extra incorporado al motor, tal es el caso de los compresores de aire o turbo cargadores.

En los motores de combustión interna cuyo trabajo se basa en el ciclo de Otto, (cuatro tiempos), los turbo cargadores son en general accionados por la presión de los gases de escape que han sido producidos por el mismo motor; pero, para los motores que trabajan bajo el ciclo de dos tiempos, los turbo cargadores son de accionamiento mecánico. Entendiendo que esta referencia es hecha para los motores de combustión interna de tipo diesel. Entonces pues, se tratara en seguida lo referente a los motores de combustión interna turbo cargados y ciclo de cuatro tiempos.

Motores diesel y turbo cargadores. En tanto que el motor diesel con aspiración natural del ciclo a cuatro tiempos jala el aire de la atmósfera que lo rodea para propiciar la combustión dentro del cilindro durante el primer tiempo de trabajo y trae aparejado un rendimiento volumétrico que es inferior al peso del aire que le correspondería en si al volumen total del cilindro. Lo cual trae como consecuencia que al ser expulsados los gases quemados, residuos de la combustión del ciclo anterior, permanezca un remanente de ± un 10% de dichos residuos al interior del cilindro del motor. Lo cual limita la capacidad del cilindro para su llenado al 100% de aire nuevo en el siguiente ciclo de aspiración; además, los mencionados residuos se mezclan con el aire nuevo contaminándolo. Luego, la mezcla de aire nuevo contaminada por la combustión anterior dentro del cilindro, propicia un aumento de temperatura arriba de lo normal, tanto en las paredes de la cámara de combustión y corona del embolo. Además, la otra restricción se presenta por las estrangulaciones y la resistencia que ofrecen los conductos y válvulas de admisión.

Entonces pues, si con el fin de corregir el inconveniente se provee aire a presión para mejorar su índice de combustión, en general el rendimiento se incrementara al 100%; empleando para tal fin un turbo cargador; por lo tanto, los beneficios al emplearlo se reflejan en un mayor peso del aire disponible para la combustión, por un lavado eficiente del cilindro mediante el cual se eliminan los restos de gas quemado del ciclo anterior y por la refrigeración de la cámara de combustión en razón a la mejor calidad del aire suministrado al cilindro.

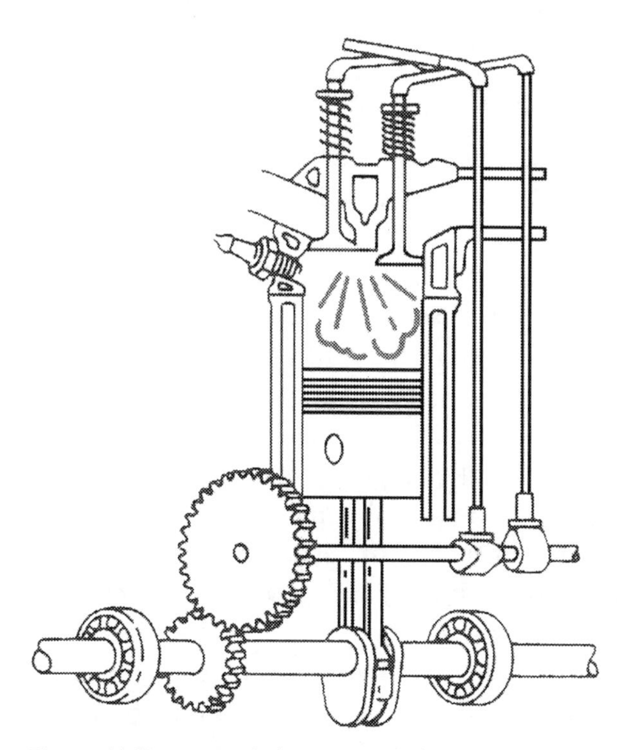

Figura 11 Esquema de los puntos bajo fricción en el motor de combustión interna

Como resultados de los cuatro tiempos descritos de funcionamiento del motor de combustión interna, se generan otros cuatro principios relacionados con la potencia útil y que se refiere a:

El desplazamiento.
La relación de compresión.
El flujo de los gases.
La velocidad de giro-rotación

El desplazamiento. Guarda estrecha relación con la superficie activa del cilindro, la longitud de carrera del embolo y el número de cilindros que tenga el motor. En igualdad de condiciones, la potencia generada por el motor de combustión interna se encuentra en proporción lineal con el desplazamiento. Por lo tanto, el desplazamiento puede obtenerse mediante un número menor de cilindros que tengan mayor desplazamiento individual, o con mas cilindros que tengan un desplazamiento menor.

Relación de compresión. La relación de compresión se refiere a la medida del volumen que es desplazado por el motor al interior del cilindro, iniciando cuando el embolo se encuentra en el punto muerto inferior de su carrera y terminando cuando el embolo ha comprimido dicho volumen en el punto muerto superior una vez que llego al punto final de su carrera ascendente.

Flujo de gases. El libre flujo de los gases en el sistema (escape), es una condición indispensable para que la mezcla de aire-combustible pueda llenar de nuevo el(los) cilindro(s) del motor de combustión interna, de tal forma que la mezcla o el aire no encuentren restricciones durante su recorrido desde el exterior hacia el interior del cilindro. Para cumplir lo anterior, el múltiple de admisión y de escape deben ser lo más recto posible y la(s) válvula(s) de admisión de un diámetro apropiadamente grande y lapso de apertura suficiente para permitir la entrada sin resistencia del mayor flujo de aire. Toda vez que en los motores de combustión interna con aspiración natural la única fuerza motriz capaz de aspirar la mezcla aire-combustible o el aire, es el vacío creado por el embolo durante su carrera descendente del punto muerto superior al punto muerto inferior dentro del cilindro.

Velocidad de giro. La velocidad de giro del motor de combustión interna guarda una estrecha relación con el aumento de la potencia, ya que al aumentar la velocidad de giro aumenta en el mismo orden el volumen del aire-combustible aspirado y por ende se consigue aumentar la potencia desarrollada. Pero, dadas las características de diseño en el motor de combustión interna, aun en el caso de parecer sencillo aumentarle potencia y rendimiento al modificar factores como el volumen de aire aspirado, relación de compresión, o la velocidad de giro, no es tan simple, puesto que la interrelación existente entre los factores involucrados en el proceso es tan estrecha, que al hacerse una modificación en alguno de ellos se afectara a los restantes en forma desfavorable, lo cual, indudablemente, tenderá a impactar drásticamente la vida útil de motor.

Capitulo 9

PRINCIPIOS DE FÍSICA APLICADA

UNA MEJOR COMPRENSIÓN DE FUNCIONAMIENTO de los motores de combustión interna, puede ser encontrada a través del conocimiento de los principios elementales de las leyes de la mecánica referidos a:

Materia.
Masa.
Energía.
Inercia.
Fuerza.
Movimiento.
Par de torsión.
Trabajo.
Potencia.

Haciendo un resumen de cada uno de los principios anotados y contenidos en las leyes de la mecánica, se tiene que:

La materia, que es usada para la construcción de los motores de combustión interna se encuentra en estado sólido pero los motores contienen también materia que se encuentran en estado liquido y en estado gaseoso, es decir, se encuentran presentes los tres estados físicos de la materia, y estos guardan una estrecha relación con su funcionamiento. De ellos se puede inferir que: los sólidos tienen un volumen y una forma definida; los líquidos tienen volumen definido pero no tienen forma definida y los gases no tienen ni forma ni volumen definidos; luego, la materia puede pasar de un estado físico a otro estado para su transformación, ya sea por el calentamiento o por acción del enfriamiento, lo cual implica, sobretodo, una transformación de la materia mas no su destrucción. Por lo tanto estamos ante un sistema termodinámico.

Luego, el termino de **masa**, que con frecuencia tiende a ser confundido con el termino **peso**, habla que la masa se refiere a la medida de la materia que interviene en la forma de un cuerpo, en tanto que el peso se refiere a la medida de la fuerza con que tiende a ser atraída la masa hacia el centro de la tierra por acción de la gravedad terrestre. Consecuentemente, un cuerpo tendrá masa idéntica en la superficie de la tierra así como a mil o cinco mil kilómetros de altura; sin embargo, su peso se reducirá, en forma considerable, dependiendo de la altura en que se encuentre con relación a la tierra.

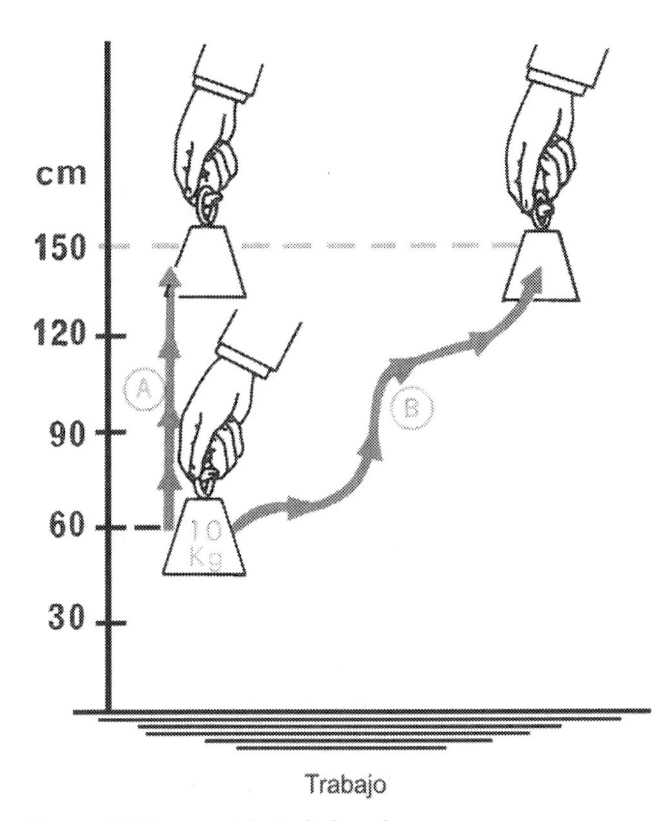

Figura 12 Esquema de trabajo y fuerza

Con respecto a las formas de **energía**, se pueden citar entre otras, la corriente eléctrica, la luz, el ruido, el calor. Por lo tanto, mediante la energía calórica se puede cambiar el estado físico del agua; luego una imagen se conforma mediante la luz proyectada/reflejada; también se tiene que, mediante la energía química del combustible al someterse a alta temperatura es como se hace funcionar un motor de combustión interna para que a través de la energía mecánica resultante del proceso, se produzca un trabajo útil.

La **inercia**, es considerada como la tendencia por la cual un objeto trata de conservar su estado de reposo, o en el caso contrario, conservar su estado de movimiento. Un ser humano sentado en un vehículo que se encuentre detenido tenderá a irse hacia atrás, sin que nadie lo jale, en el momento en que ese vehículo inicie su marcha, lo cual no es más que la respuesta del ser humano tratando de mantener su estado en reposo. Una vez que el vehículo se a detenido, ese mismo ser humano tendera a irse hacia adelante tratando de conservar el impulso antes logrado (movimiento); entendiendo, que la inercia será en grado mayor cuanto mayor sea el tamaño de la masa.

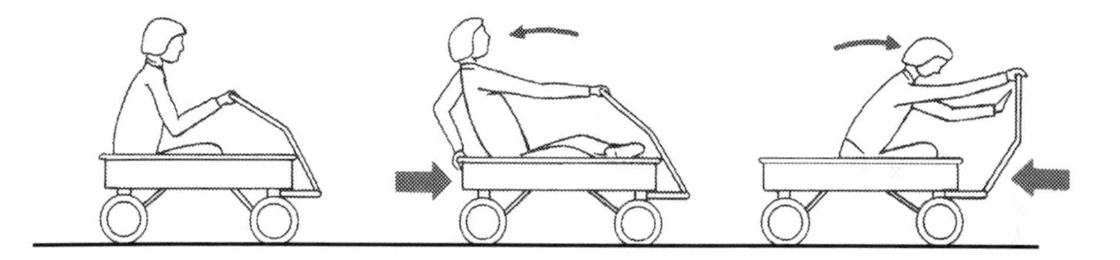

Figura 13 Esquema de inercia de los cuerpos

La **fuerza**, se considera como la energía capaz de actuar para propiciar un cambio del estado de un cuerpo que se encuentran en reposo o en movimiento. Por lo tanto, cuando concurren todas las fuerzas con igual intensidad sobre un mismo cuerpo, ese cuerpo tenderá a permanecer en reposo, sin embargo, al existir predominio de una de las fuerzas, el cuerpo se moverá hacía donde dicha fuerza lo empuja y la cantidad de movimiento que por impulso de la fuerza adquiere es igual al producto de su masa por su velocidad.

Como par de **torsión** se entiende el momento en que a un cuerpo se le aplica una serie de fuerzas y estas no actúan sobre un mismo punto, razón por la cual dicho cuerpo tendera a rotar sobre su propio eje consiguiéndose de esa forma un momento de torsión o par torsional. El par torsional es igual a la fuerza aplicada por la distancia, por lo tanto, a mayor par torsional mayor será también la velocidad de rotación desde el punto de giro.

El **trabajo**, en realidad está representado por el proceso de hacer una transferencia de energía. De ahí que el trabajo vendrá a ser un producto escalar de la fuerza por el desplazamiento. Con ello se quiere decir que el trabajo es el producto de la aplicación de una fuerza por la distancia recorrida en la misma dirección. Por ejemplo, al estar sosteniendo un peso de 10 kg a una altura de 60 cm, dicha acción no estará significando trabajo alguno; sin embargo cuando ese mismo peso es desplazado del nivel del suelo a la misma altura de 60 cm se estará realizando un trabajo equivalente a diez multiplicado por sesenta. Para la física el Joule es la unidad de trabajo

La **potencia**, está referida a una tasa de transferencia de energía que realiza un sistema hacia otro sistema lo cual quiere decir que se está efectuando un trabajo, en cuyo caso la unidad de potencia es el watt, y la energía que se transfiere es el Joule. Sin embargo, tratándose de motores de combustión interna el término generalmente empleado como unidad de medición es el caballo de potencia (HP), el cual equivale a levantar, desde el nivel del suelo, un peso de 75 kg a la altura de un metro en un segundo de tiempo. Entonces pues, dado el caso que la energía se transforma, el motor de combustión interna produce potencia mecánica como resultado directo de la reacción química generada dentro de su(s) cilindro(s) al momento en que es inflamada la mezcla del aire y el combustible, sea por medio de una chispa eléctrica o como resultado del calor generado por alta compresión del aire. Por lo dicho, cuando el combustible es quemado dentro del cilindro del motor de combustión interna, se está produciendo una cantidad de calor equivalente a 641 kilocalorías o 2545 unidades térmicas Británicas (BTU) por hora. En consecuencia, ese combustible al ser quemado estará liberando energía en el motor de combustión interna igual a un caballo de potencia por hora.

El caballo de potencia (HP) como el termino más usado, corresponde a la unidad de medida que estará indicando la fuerza que es desarrollado por un motor de combustión interna como consecuencia del proceso que se realiza adentro de sus cilindros cuando quema un combustible destilado del petróleo. Son varias las formas que se emplean para medir la potencia generada por el proceso de la combustión, toda vez que entre los caballos teóricos y los caballos efectivos que existen para realizar un trabajo, se dispone de una serie de consideraciones de medida entre uno y uno y otro extremo, que se deben conocer para poder hacer una correcta interpretación. Y hablamos de:

- LOS CABALLOS DE FUERZA INDICADOS.
- LOS CABALLOS DE FUERZA DE FRICCIÓN
- LOS CABALLOS DE FUERZA A VOLANTE.
- LOS CABALLOS DE FUERZA A LA TOMA DE FUERZA
- LOS CABALLOS DE FUERZA A LA BARRA DE TIRO.

Los caballos de **fuerza indicados,** se refieren a una de las medidas de potencia que tiene interés básicamente para la ingeniería de diseño. Puesto que habla de la potencia teórica que es posible alcanzarse en un motor de combustión interna en función del trabajo que desarrolla el gas al interior del cilindro durante el proceso de la combustión.

Los caballos de fuerza de fricción están referidos a la medida de potencia que se consume por las partes móviles del motor de combustión interna: el cigüeñal, las bielas, los émbolos, las válvulas, los cojinetes, los engranes de la distribución y algunos otros accesorios que son necesarios para el correcto funcionamiento del motor. De ahí que la fricción como factor negativo es el resultado del calor producido por las partes en movimiento del motor que afecta de forma directa el caballaje efectivo que es desarrollado por dicho motor, a consecuencia de ello se tiene como resultado, un igual a efectuar la resta a los caballos de fricción de los ya antes situados caballos indicados.

La potencia efectiva generada, por un motor de combustión interna comienza hacer unidad de medida a partir de los **caballos de fuerza al volante** de inercia del motor, donde, para que sea posible realizar su medición se utilizan tanto el dinamómetro como el freno de Prony. Razón por la cual se le conoce también como potencia indicada al freno o al volante. Por lo tanto, los caballos de fuerza al volante representan la potencia que desarrolla un motor de combustión interna instalado en un banco de pruebas bajo condiciones controladas de laboratorio a 20 °C de temperatura y a 735,6 mm de columna de mercurio. Al régimen máximo de aceleración en revoluciones por minuto (RPM) de dicho motor.

Fuera del banco de prueba y ya instalado en el tractor agrícola, el motor de combustión interna queda listo a realizar un trabajo efectivo. Ya sea a través de la toma de fuerza (TDF), para accionar las maquinas tales como: cosechadoras de forrajes, desgranadoras, pizcadora, molinos de martillos o equipo para bombeo de agua, generadores de corriente eléctrica, barrenadoras, etc. La medida del trabajo útil que es desarrollado por la toma de fuerza se realiza conectando un dinamómetro en la espiga del eje de la toma de fuerza. Esta medición se efectúa empleando las máximas revoluciones por minuto de aceleración del motor que tenga instalado el tractor, y de ellos se obtiene como resultado la potencia neta desarrollada a través de la fuerza del tractor con alrededor del 75-85% menor que la potencia medida en el volante de inercia de dicho motor. En la variación del 10%, que se encuentra entre el 75 y 85, se hace referencia a una diferencia que existe con relación a la potencia desarrollada a la toma de fuerza del tractor conforme al tipo de caja de cambios (velocidades) que tenga instalado dicho tractor.

Puesto que la caja de cambios de engranaje recto y flechas deslizables (que es la más sencilla) tiene menos puntos de resistencia en su operación y por lo mismo menor uso de la potencia generada por el motor del tractor. Pero, en una caja de cambios de engranaje sincronizado (de engranes de ensamble continuo) debido al mayor número de los puntos de fricción, la caja presenta el mayor uso de la potencia generada por el motor del tractor.

Resumiendo, 15% de merma de potencia a partir del volante de inercia del motor hasta la toma de fuerza cuando ese tractor tenga instalada una caja de cambio de flechas deslizables, y 25% de merma de potencia, en iguales condiciones, cuando el tractor tenga instalada una caja de cambio de engranajes sincronizados.

También, a través de la barra de tiro del tractor, (implícito el enganche de 3 puntos)se da otra medida de potencia usual para determinar la capacidad disponible del tractor agrícola con el fin de producir trabajo efectivo con una herramienta de labranza, tal como puede ser: los arados, las rastras, las sembradoras, las cultivadoras, las niveladoras, las escrepas, los arados de cinceles y subsoladores, las zanjadoras y tantas otras herramientas empleadas para el manejo de los suelos agrícolas en los que se obtiene las cosechas.

En consecuencia, la potencia medida en la barra de tiro del tractor agrícola por medio del dinamómetro es un resultado de la tasación de fuerza que tiene el tractor para romper la inercia de su propio peso, inercia calculada en la resta de otro 15% de la potencia que ya se ha calculado en la toma de fuerza del tractor. La diferencia positiva en potencia calculada, es la que puede ser usada para operar el equipo de labranza que se pretende utilizar en la realización de un trabajo en el suelo agrícola.

Capítulo 10

TRANSMISIÓN DE LA POTENCIA GENERADA POR EL MOTOR

UNA VEZ QUE SE CONOCE el tipo de tractor agrícola mas la potencia efectiva que dispone para poder llevar acabo algún trabajo de campo ya se puede pensar en el tipo de implemento que se calcule será el apropiado para realizarlo, procurando en todo momento obtener la eficiencia de campo en el nivel más alto posible, y en consecuencia de ello, el mas bajo costo de operación por la hectárea-labor realizada.

Con igual fin es de particular interés conocer también los otros sistemas de apoyo y soporte del tractor agrícola como son: Sistema de embrague, sistema de cambios de velocidad, sistema del diferencial, sistema de mandos finales, sistema de toma de fuerza, sistema hidráulico, sistema de dirección, y sistema de frenos. También, los rines, los neumáticos y los contrapesos.

Sistema de embrague. Con el sistema de embrague empieza lo que se denomina tren de trasmisión en los tractores agrícolas; cuya función principal sea la de desconectar el giro y potencia del motor del sistema de transmisión a fin de que mientras el motor se encuentre funcionando el tractor permanezca sin movimiento. El embrague es útil también para acoplar potencia y giro del motor hacia la transmisión gradualmente para conseguir el arranque de movimiento del tractor suave y sostenido sobre la superficie de rodamiento. Aun cuando el sistema de embrague, conjunto de piezas y articulaciones de operación simple, donde su finalidad es abrir y cerrar el giro de potencia del motor del tractor a los sistemas que hacen posible su operación como un todo, la mayoría de veces no es posible explicarlo teóricamente, a menos que se pueda visualizar el principio de cómo funcionan los embragues mecánicos. Imaginándose un conjunto simple de dos discos que giran en su propio eje cada uno; luego, mientras que los discos del conjunto no se tocan, cada uno puede girar a la velocidad que se quiera, pero, en el momento que a uno de ellos se le aplica potencia y giro arrastrara al otro igualándose el giro de ambos como se muestra en seguida.

El sistema de embrague básico se compone de las siguientes partes: 1 el volante de inercia del motor, 2 el primer disco de embrague, 3 el plato intermedio, 4 el segundo disco de embrague, 5 el plato de presión, 6 la flecha de mando de la caja de cambios, 7 el collarín pedal de embrague y articulaciones de mando del sistema.

Sistema de cambios de velocidad. La función de la caja de cambios de velocidad es la de modificar el giro de las ruedas motrices en el tractor agrícola en relación a la velocidad de giro del motor de combustión interna. Por ejemplo, en todos los vehículos (incluyendo tracto camiones, autobuses, camiones ligeros y pesados de carga), requieren mayor fuerza en los ejes de tracción y menor velocidad para que el vehículo se ponga en movimiento. Cuando ha sido vencida la inercia del vehículo sobre el suelo, se empieza a demandar una mayor velocidad y una menor potencia con el fin de conseguir un desplazamiento mucho más rápido pero, dado que ningún vehículo, salvo los tractores y maquinas agrícolas que tienen relaciones más altas des multiplicadoras, pueden ser acelerados progresivamente sin realizar una des-multiplicación de velocidades en su caja de cambios, toda vez que en los motores de combustión interna no se puede desarrollar suficiente potencia en un régimen bajo en revoluciones de giro. Entonces pues, la caja de cambios tienen la función básica de usar la potencia y el giro como entrada del motor de combustión interna para realizar las modificaciones según requiera, tanto en potencia como en velocidad de salida.

Ahora bien, en general la caja de cambios más simple está conformada por dos trenes de engranes, que son de diferente diámetro y numero de dientes cada uno, donde uno de ellos es fijo. El otro tren de engranes, que asimismo tienen un numero de dientes variable y de diferente diámetro cada engrane, estos son movibles, es decir, son desplazables en su correspondiente eje.

Con el fin de clarificar el porqué en los engranes se tienen diferentes diámetros y por consiguiente el número de dientes también es diferente, obedece a lo siguiente:

Supóngase que un engrane chico, de doce dientes es el engrane de mando que está suministrando la fuerza a un engrane mas grande, con 24 dientes. Ahí, la relación existente es que el engrane chico se mueve en un recorrido de doce dientes, en tanto que el engrane grande realiza igual recorrido lineal pero lo hace en media vuelta, es decir en doce de sus veinticuatro dientes. De ello se deduce que el engrane pasivo, en su respectivo eje, gira a la mitad de la velocidad que lo está haciendo el engrane activo que es el encargado de transmitir la potencia. Por lo tanto, mientras que un engrane sea de diámetro menor y gire sobre otro de mayor diámetro, siempre girara a mayor velocidad. Pero, las cajas de cambio de mando mecánico en tractores agrícolas se conforman por dos trenes de engranes, uno es fijo y el otro es móvil, de tal forma que mientras dos engranes (una pareja), cada uno es su respectivo eje, se encargan de mandar potencia y velocidad al sistema, los otros dos engranes (otra pareja) situados en el mismo eje- se encargan de transmitir -cambiando el sentido- velocidad y potencia de salida hacía el otro conjunto de engranes que conforma el sistema diferencial de tractor. Así, sucesivamente se alteran los cambios de potencia o velocidad según sea requerido por el desempeño del tractor agrícola ya sea en el campo de labor o en el traslado a su resguardo en la granja.

Entonces pues, la función principal de la caja de cambios y de la gama de desmultiplicaciones en los tractores agrícolas es la de adaptar la velocidad de giro y la potencia del motor del tractor a las diversas condiciones de campo que se exigen en la producción de cosechas.

En el rango de la primera velocidad, que corresponde a la de avance más lenta, el engrane activo del eje primario, que es el más chico, carga sobre otro engrane que es más grande, de eje secundario, lo cual propicia una desmultiplicación en la velocidad del giro del motor y se multiplica la fuerza de giro del eje secundario. Luego, en el eje secundario, hay un engrane chico cargando sobre un engrane más grande colocado en el eje de salida, propiciando con ello una segunda desmultiplicación de giro y potencia con el fin de lograr un aumento en la fuerza de giro en la salida de la caja de cambios. Para la segunda y las subsecuentes velocidades, en principio, se parte siempre del engrane activo de menor número de dientes cargando sobre un engrane pasivo de mayor numero de dientes, lo que cambia, según sea la demanda en potencia y velocidad, es la relación de engranes que se encuentran situados tanto en el eje primario como en el secundario. Para la velocidad en la marcha hacia atrás, reversa, existe un tercer engrane que recibe el nombre de "engrane loco" y está situado en el espacio existente entre el tren de engranes deslizables y el tren de engranes fijos. De tal forma que al conectar en el tren deslizables un engrane con el engrane loco, y este a su vez en un engrane de tren fijo, se producirá una inversión en el giro del eje de salida situado atrás de la caja de cambios y la marcha en reversa del tractor.

Luego del sistema de embrague y de la caja de cambios en el tren de transmisión se encuentra el otro componente de importancia que es el sistema diferencial.

El sistema diferencial, tiene la función de mantener la potencia transmitida desde el motor, el sistema de embrague, la caja de cambios y el diferencial, de manera uniforme y sostenida, tanto del lado derecho como el izquierdo, de las ruedas motrices del tractor.

Sin embargo, cuando el tractor empieza a tomar una curva en el terreno la rueda motriz del lado situado en la parte con menos giro, es decir, la que está dando el menor número de vueltas, opone resistencia en el sistema diferencial de tal forma que condiciona la potencia como el giro que se transmite hacia la rueda motriz de resistencia más baja a la rodadura del tractor en el terreno. Así que se realiza la diferenciación, tanto en potencia como en giro, dentro del sistema, lo que permite que el tractor alcance un desplazamiento uniforme tanto si va en línea recta como si va en una curva, sin que se requiera el empleo de ningún componente extra al sistema.

Pero, a diferencia de los vehículos diseñados para desempeñarse en terreno compactado, el tractor agrícola realiza su trabajo principalmente en condiciones de terreno suelto o mojado. Bajo esa condición de campo el sistema diferencial pierde eficiencia de operación. Entonces, a diferencia de los vehículos para terreno compacto, en los tractores agrícolas se cuenta con un sistema extra al diferencial que lo cierra al presentarse condiciones que propician el deslizamiento de una o de las dos ruedas motrices.

Este sistema extra denominado ***cierre de diferencial*** o de bloqueo actúa sobre los cuatro piñones o satélites situados dentro de la caja de la corona del sistema diferencial.

El cierre de diferencial, puede ser de accionamiento mecánico o de accionamiento hidráulico. El accionamiento mecánico funciona mediante un collar que se conecta a una parte de la flecha lateral y otra parte a la caja de la corona. En tanto que el accionamiento hidráulico opera a través de un conducto que recibe aceite a presión para poner a funcionar una serie de discos de acero recubiertos de cerámica que están situados al interior de la caja de la corona.

El cierre de diferencial se pone a funcionar mediante un pequeño pivote situado en el piso de la cabina de mandos del tractor, en un lugar aproximado al talón del pie derecho del tractorista.

La desconexión del cierre del diferencial es automática al detectarse que las dos ruedas motrices pisan terreno firme y a cesado el deslizamiento debido a la condición de suelo fangoso o suelto.

Por último, el tractor agrícola tienen un sistema de mandos finales, el cual permite desmultiplicar a un mas las altas revoluciones que recibe del motor a través del embrague, caja de cambios y diferencial, para terminar en las flechas laterales correspondientes a cada rueda de tracción. En este ***sistema de mandos finales o epicíclicos***, se encuentran situado casi al final de cada una de la flechas laterales, en algunos tractores, o muy cerca o en los laterales de la caja de la corona del sistema diferencial en otros. Como ya se menciono, es en el sistema de mandos finales donde se da la última desmultiplicación de velocidad de giro en el motor y se aumenta la potencia de salida hacia las ruedas motrices del tractor.

Sistema de toma de fuerzas. La toma de fuerza en los tractores agrícolas, es un sistema auxiliar que ha sido incorporado con el fin principal de accionar equipo forrajero. Sin embargo, se emplean también para mover generadores de corriente eléctrica, maquinas soldadoras de arco, bombas de agua y de aplicación de agroquímicos, barrenas cava-hoyos, etc. Es decir, todo equipo que pueda ser operado a velocidad de giro de entre 540 y 1000 revoluciones por minuto, medidas en la salida de la espiga de acoplamiento de la toma de fuerzas (TDF). Ello se logra manteniendo un régimen en velocidad de giro del motor a su máxima apertura de aceleración. Esto quiere decir que se debe emplear la máxima entrega de combustible de la bomba de inyección.

Para tal fin, existen 3 tipos de toma de fuerza que son:

De accionamiento por la transmisión del tractor.
De operación continua.
De operación independiente.

La forma de operar en cada uno de los tipos de toma de fuerza se dan de acuerdo al lugar en que reciban la potencia del tren de transmisión.

Para la TDF que trabaja por accionamiento de la transmisión del tractor, (es la de primera generación y por lo mismo la más antigua), tiene la posibilidad de poder trabajar equipo acoplado a su eje de salida únicamente cuando existe movimiento del tractor. Puesto que el eje TDF esta acoplado directamente al sistema de engranes de la caja de cambios. Razón por la cual al pisar el pedal del embrague del tractor, éste corta la potencia y giro del motor hacia el tren de transmisión deteniendo la marcha del tractor y por consecuencia también la TDF

En cuanto a la TDF de operación continua, (que corresponde a la segunda generación de tomas de fuerza), es la que cuenta con doble disco en el sistema de embrague del tractor. Es decir, poseen mando doble, mediante el cual puede estar funcionando la TDF, accionando un equipo y el tractor detenido. Por lo tanto, la operación continua consiste en que: mientras se está accionando equipo a través del primer disco de embrague, el segundo disco en el sistema se mantiene desconectado del giro y de la potencia del motor del tractor. Así que, el tractor agrícola puede estar inmóvil y accionado, a través de la TDF, alguna maquina. O, en su defecto, estar en movimiento y accionado así mismo algún tipo de máquina.

Luego, esta la última generación de tomas de fuerzas, que corresponde a las TDF para operación independiente. Este tipo de TDF cuenta con su propio sistema de embrague y tren de engranes, de ahí que es totalmente independiente de la caja de cambios principal del tractor. Lo que significa que puede trabajar accionando algún tipo de maquina tanto si el tractor está parado como si esta en movimiento, independientemente de la velocidad de avance que guarde el tractor en relación al terreno en que este moviéndose.

Sistema hidráulico. En los tractores agrícolas existen tres maneras de transmitir la potencia que es generada por el motor de combustión interna convirtiéndola en trabajo útil: la primera forma de potencia es la toma de fuerza(TDF) para poder producir rotación; la segunda forma es en la barra de tiro para producir tracción lineal ; la tercera forma, es en el sistema hidráulico para producir potencia lineal; potencia que, gracias a la innovación tecnológica actual, muestra una tendencia a convertirse en potencia de movimiento circular, lo cual indudablemente aumentara en mucho las funciones del sistema hidráulico en los tractores agrícolas.

Ahora bien, como en todos los sistemas que producen energía al hacerlo tienden a calentarse. De tal forma que cuando el calor producido llega a ser excesivo el sistema en general pierde eficiencia de operación. El sistema hidráulico del tractor agrícola como tal, al generar energía para producir trabajo también produce calor y, el problema aquí es, cómo poder controlarlo de forma tal que no llegue afectar ninguno de los componentes del sistema.

En general, para los tractores de uso agrícola, su sistema hidráulico se diseña para disipar el calor excesivo por medio del aceite lubricante del propio sistema. Aceite que se mantiene en movimiento constante por lo que ayuda a mantener bajo control la tendencia del sistema a calentarse excesivamente. Sin embargo, es un hecho que el sistema se ha diseñado para operar en todos sus componentes bajo régimen de carga variable, de forma tal que al romperse el esquema por la adición de algún otro tipo de componente, tal como un motor hidráulico que es diseñado para operación continua, el sistema puede tornarse ineficiente en la disipación del calor adicional generado y, por lo tanto, presentar fallas de mal funcionamiento. El problema en los tractores se resuelve si se adiciona un enfriador o un intercambiador de calor como equipo extra al sistema. No hay duda que al adicionar accesorios extra representa un costo más elevado, pero se está solucionando un serio problema representado por el calor excesivo.

Básicamente son dos los tipos de sistema hidráulico que han sido diseñados y operados en todas la maquinas agrícolas. Uno de ellos, (y el primero en ser introducido) fue el sistema hidráulico ***centro abierto.*** Sistema en extremo simple en su operación, que funciona a través de una bomba que genera flujo continuo de aceite, flujo que siempre regresa al deposito de aceite, que para este caso, es la caja del tren de transmisión del propio tractor.

El sistema hidráulico, cuya operación es generalmente para una sola función (la del enganche de tres puntos) sirve para levantar y suspender una herramienta de labranza ya sea en el campo o para el transporte. Pero cuando se requiere realizar dos o más funciones simultáneamente: como el operar los cilindros remotos de una rastra, se debe adicionar una válvula divisora de flujo u otra válvula para control direccional y, de necesitarse otras funciones con flujo de aceite del sistema se pueden adicionar más válvulas. Por lo cual el sistema tiende a la complicación e ineficiencia. Sin embargo, el sistema de centro abierto tiene la ventaja de que la presión generada es únicamente la suficiente para levantar la carga y, por lo mismo, tiende a reducir la sobrecarga y el calentamiento excesivo. Pero tiene el inconveniente de que el sistema de centro abierto, que opera directamente conectado al giro del motor, que adicionalmente mueve una bomba de desplazamiento fijo para generar caudal de aceite en acuerdo a las revoluciones de giro en el motor y, debido a esas altas revoluciones, como respuesta a la apertura del acelerador, entonces se generan altas presiones de aceite dentro del sistema, lo que trae como consecuencia el riesgo de una falla.

Respecto a las presiones que se generan dentro del sistema hidráulico. Se dan estas como respuesta directa a las restricciones que existen debido al diámetro interno en todos los conductos por los que circula el flujo de aceite. De ahí que, a menor diámetro de los conductos y mayor flujo de aceite, la respuesta es una más alta presión generada, presión que se mantiene bajo control mediante una válvula de retorno calibrada, para que su apertura se efectúe a determinada sobre-presión del sistema hidráulico.

A principios de la década de los 60's, se introduce otro tipo de sistema hidráulico, el de ***centro cerrado***. Este sistema cuenta con dos formatos de operación que son: por acumulador uno y el otra por bomba de desplazamiento variable.

El sistema hidráulico que tiene un acumulador, dispone de una bomba que opera generando un volumen de aceite muy reducido pero constante. Es decir, sin variación; de ahí que cuando la presión al interior del acumulador ha alcanzado determinado valor, la bomba través de su válvula de control, derivara el exceso de la presión hacia el depósito de aceite. Por lo tanto, el sistema hidráulico por acumulador funciona bien con operaciones del tractor que demandan un flujo alto de aceite pero de corta duración. Lo cual se consigue con la sola presión del acumulador. Las ventajas de este formato de operación son: por ejemplo, que al estarse arando un terreno de textura variable mediante un implemento de enganche integral, (es decir por medio del sistema hidráulico de 3 puntos en el tractor), se llega a una parte del terreno más dura, que aumentara la carga sobre los fondos de roturación del arado y por ende la carga sobre la potencia del motor. Entonces, la potencia extra que debería ser suministrada por el motor del tractor la proveerá el acumulador del sistema hidráulico.

La otra ventaja es que cuando, por alguna causa, la fuente principal de energía en el tractor se detiene, la potencia del acumulador entra a funcionar para mantener en operación frenos, embrague, y dirección del tractor por un lapso de tiempo corto, es decir, lo suficiente para que se acomode en un lugar seguro.

Sin embargo, en el formato del sistema hidráulico por acumulador se tiene una gran limitación técnica y no tanto económica, debido al tamaño del acumulador que se necesita acomodar al interior del tractor para que cumpla plenamente con todas las funciones que demanda el trabajo. Una de la limitación es por espacio puesto que, por las características de diseño y espacio reducido en todos los tractores agrícolas no a sido posible acomodar un acumulador de gran tamaño. La otra limitación es que; para operar equipos como: cargadora frontal, niveladoras y otros tipos de maquina cuya demanda de flujo de aceite son relativamente altas y en las lapsos muy cortos de tiempo no a sido posible obtener un desempeño aceptable mediante el uso de acumulador de presión.

Respecto al sistema hidráulico ***centro cerrado con bomba de desplazamiento variable***, el flujo de aceite enviado por la bomba mantiene diferencias que cambian según la demanda del sistema. De tal manera que la presión es constante aun cuando no existan funciones en operación pero si manteniendo el flujo necesario que compensa las fugas y proporciona el enfriamiento que es requerido por el sistema hidráulico.

En el sistema hidráulico de centro cerrado con bomba de desplazamiento variable, se dispone de la capacidad de suministro máximo de flujo de aceite por periodos largos de tiempo, de tal forma que la operación de equipos como: cargadoras frontales, retroexcavadoras y niveladoras, que requieren de flujos generalmente altos durante prolongados periodos de tiempo, no llegan nunca a ser un problema de abastecimiento. De acuerdo a las características de funcionamiento de la bomba de desplazamiento variable estas permiten que opere el sistema hidráulico dentro de una gama constante y estrecha de presiones puesto que para ello se cuenta con las válvulas de control que le permiten adaptarse a dichas presiones.

Pero, no obstante lo mencionado, el sistema hidráulico de centro cerrado tiene dos limitaciones que están dentro de lo económico y no dentro del área técnica. Por un lado, en los comienzos, se partió con la difícil adaptación del sistema hidráulico de centro cerrado a la vasta gama de velocidades de operación de los tractores agrícolas, motivo por el cual se hizo necesario un largo periodo de experimentación que incluyo diseño, desarrollo y pruebas que al final dieran con una bomba de las características requeridas por la maquinaria agrícola y de costo relativamente bajo.

Luego, la otra limitación se presento con la tendencia de la bomba de desplazamiento variable al aumento de temperatura en razón a los bajos flujos de aceite existente durante aquellos periodos inactivos de baja demanda en el sistema hidráulico del tractor. Lo cual, al ser comparado con los sistemas de centro abierto y el sistema por acumulador, (que disponen de mayor eficiencia para la disipación de calor generado), la bomba de desplazamiento variable se queda atrás. Sin embargo, el problema encuentra la solución adecuada en el momento que se le adiciona un inter-enfriador de aceite al sistema hidráulico del tractor agrícola.

En tanto que el aire o los gases en general pueden ser comprimidos, el aceite como un liquido no puede ser comprimido. De ahí que para prevenir roturas en algún componente del sistema hidráulico del tractor se dispone de **tres tipos de válvula,** las que según el servicio que prestan se pueden ver como de: **control de presión, control de dirección, y control de flujo**.

Las válvulas usadas para el control de presión operan dentro de una cámara de doble entrada, un tapón móvil y un muelle calibrado que responde a una determinada sobre-presión generada por la bomba de aceite que se encuentre funcionando en altas revoluciones.

Las válvulas para el control de dirección operan al interior de unas cámaras seccionadas en ramales de conductos que llevan el aceite hacia el lugar de aplicación. Para poder hacerlo disponen en la cámara principal de un manguito deslizable que también esta seccionado, el cual es accionado a través de una palanca de control en las válvulas de control de flujo, (que operan de manera muy similar a las llaves de agua de uso domestico), es decir, en una cámara de triple entrada en donde dos entradas son para la circulación de aceite y la otra entrada es para acomodar un manguito de rosca con un extremo maquinado, para el cierre hermético, y en el otro extremo un cuadro para que se acomode la manija. Así que la válvula de control de presión es de respuesta automática, la cual se obtiene a través del muelle calibrado y el tapón. En tanto que las válvulas para el control de dirección y las válvulas para el control de flujo operan en forma manual ya sean a través de un eje sin fin o una palanca externa.

Una vez que se conocen las fuentes de potencia en el tractor agrícola, por regla general se deben conocer también las formas en que se apoyan su movimiento sobre el suelo. Es decir el **sistema de dirección, el sistema de frenos, los rines, neumáticos y contrapesos.**

En primer lugar, el sistema de dirección. La dirección mecánica fue el primer sistema desarrollado para uso en los tractores agrícolas hacia la década de 1890.Sistema que está conformado por un volante y una barra de dirección. La dirección mecánica se ha usado en aquellos tractores de bajo caballaje y potencia, consecuentemente de tamaño chico, donde las herramientas que se emplean en la labranza también lo son. Este tipo de dirección, desde la época que fue introducida en los tractores y hasta la fecha, prácticamente no a tenido cambio alguno que se considere significativo.

Posteriormente con el advenimiento de la fuerza hidráulica en el ámbito de las maquinas agrícolas hace su aparición la dirección compuesta de una parte mecánica y otra parte hidráulica. La cual llega al auxilio de maquinas e implementos más grandes y con mayores requerimientos de potencia. Por lo tanto, dicho equipo de no contar con auxilio de la fuera hidráulica en sus sistemas de mando seria problemático accionarlo en campo aun por el tractorista más fuerte. El sistema mecánico e hidráulico es, básicamente, una dirección mecánica a la cual se adicionó en la parte del sinfin y cremallera una válvula de control de dirección; y en el brazo de mando, situado en el eje de dirección del tractor, un cilindro remoto de accionamiento también hidráulico. Dando así inicio al principio de trabajo de la dirección asistida por fuerza hidráulica.

Por último está la dirección hidrostática; es decir, de mando totalmente hidráulico. La cual difiere de las anteriores en que se prescinde prácticamente de todo componente mecánico dentro del sistema. Sistema que está formado, primero, por una válvula de control de dirección, más dos válvulas de control de presión que se encuentran situadas, (dentro de un cilindro hermético), cerca del volante de dirección del tractor. Luego están las líneas de tubería de acero que conducen la presión hidráulica hacia las ruedas delanteras y/o traseras, en caso que el tractor este así equipado, líneas que se conectan a los motores hidráulicos dispuestos en cada una de las ruedas que se encargan del accionamiento de la dirección. Los sistemas hidrostáticos de dirección obedecen al diseño de exclusividad de las maquinas agrícolas, toda vez que dichas maquinas operan en baja velocidad, (a una velocidad de transporte de ±35 km/hrs) lo cual la sitúa dentro del rango de seguras cuando se desplazan por carretera o caminos vecinales. Situación muy diferente con vehículos de uso familiar, de trabajo o de carga y transporte de gran capacidad, cuya velocidad puede alcanzar los 150 km x hrs fácilmente. Velocidad nada segura para que se dispongan de dirección hidrostática en este tipo de vehículos.

Otro aspecto a considerar es el sistema de frenos en los tractores y demás maquinas agrícolas. Un sistema que en principio (desde el primer tractor allá por 1850) fue diseñado para ser operado mediante mandos mecánicos. Sin embargo, a medida que los tractores se fabrican con potencias más altas y aumenta el tamaño del tractor así como los implementos y maquinas de labranza, se pierde su eficiencia de frenado. Entonces es que se desarrolla la siguiente mejora del sistema al introducir los frenos de tambor y balata de mando hidráulico. No obstante, pese a lo avanzado del sistema de frenado por mando hidráulico, los tractores agrícolas siguieron teniendo problemas con los frenos porque; de un lado el tamaño de tractores e implementos seguía incrementándose y, por otro lado, el calor que se generaba como respuesta a la fuerza con que se aplicaban los frenos, hacían perder eficiencia en el sistema por la ebullición del liquido de los frenos gracias al alcohol que es parte del compuesto liquido-aceite. De ahí que en la década de los 50 se introduce la innovación de los frenos tipo baño de aceite, innovación que hasta la fecha sigue sin problemas formando parte del sistema dual de frenado en los tractores agrícolas.

Los rines, los neumáticos, y los contrapesos. En los tractores agrícolas deberán verse como un solo sistema, puesto que entre ellos existe una interrelación bastante estrecha ya que el patinaje o deslizamiento del tractor sobre el terreno donde esta desplazándose guarda estrecha relación con el rin, el neumático y el tipo de contrapeso en uso. Toda vez que un gran porcentaje de la eficiencia a desarrollarse en campo por el tractor sea apoya precisamente en los tres componentes mencionados.

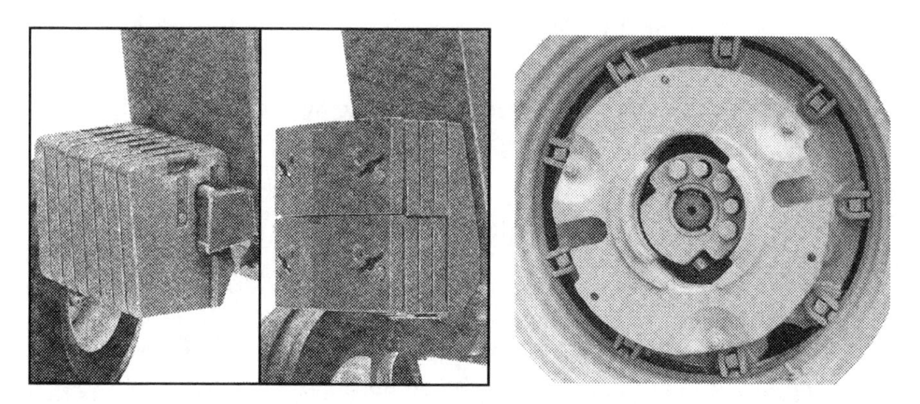

Figura 14 a Contra pesos delanteros en el tractor agrícola: (izq) veliz, (der) placa
Figura 14 b Contra pesos eje trasero

Un rin de cama ancha, (se emplean en el rodado estándar) presenta una área de contacto mayor que la que presenta un rin angosto (utilizado en el rodado para hileras), por lo que a una mayor superficie de contacto neumático-suelo, menor será también el deslizamiento del tractor y por consiguiente una capacidad efectiva de campo más alta. Sin embargo, el rin por sí solo no es sinónimo de una alta eficiencia de campo; el neumático es su complemento, sobre todo estando en buen estado tanto las barras de rodamiento como la cantidad de aire para un inflado adecuando.

Por último se tienen los contrapesos; agua en primer lugar (elemento muy barato) y el hierro en segundo lugar, que es de mayor precio. Previo a la introducción y discusión de cómo funcionan y se interrelacionan los 3 componentes se debe hacer la pertinente aclaración sobre los conceptos de: rin estándar, rin para hileras, barra de rodamiento y contrapeso a base de agua o de hierro.

Un rin estándar se usa cuando el tractor deba trabajar en labranza primaria. Es decir en roturación de suelo, principalmente: la aradura de reja y vertedera, la aradura de discos, la aradura con cinceles, el sub–soleo y rastreo pesado de discos y nivelación.
Un rin para hileras se usa cuando el tractor realiza labranza secundaria; es decir: los rastreos de normales a livianos, las escardas, los aporques, la aplicación de agro-químicos, así como los desvares.

Luego respecto a los neumáticos, de los cuales se tienen dos versiones para las maquinas que se usan en el área de producción agrícola: una corresponde a los neumáticos de tracción, es decir, los que tienen barras de rodamiento altas y separadas y son de baja presión de inflado. Para la otra versión, están los neumáticos de flotación, los cuales pueden tener una, dos, o tres bandas para el rodamiento; inclusive pueden tener dibujo tipo diamante y son para alta presión de inflado.

Los contrapesos son el único componente (además del aire de inflado del neumático) en todo el conjunto que puede quitarse o ponerse del tractor a fin de controlar el deslizamiento en el rodado de tracción. De tal forma que el deslizamiento sobre el suelo se mantenga entre el 10% y 15 %. Ya que abajo del 10% se aumentan los riesgos de un desperfecto tanto en el tractor como en el implemento de labranza que se esté usando. Y arriba del 15 % se tiene un deslizamiento que disminuye la capacidad efectiva de campo y se aumentan los costos de cultivo.

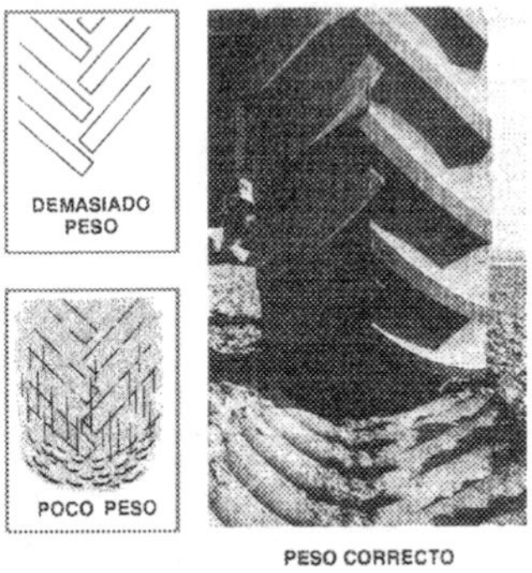

DEMASIADO PESO

POCO PESO

PESO CORRECTO

TABLA DE DESLIZAMIENTO DE LAS RUEDAS TRASERAS

No. de Revoluciones (Sin Carga)	Porcentaje de Deslizamiento	Que Se Debe Hacer
10 91/2	0 5	Retirar Contrapeso
9 81/2	10 15	Contrapeso Correcto
8 71/2 7	20 25 30	Agregar Contrapeso

Figura 15 a. Esquema de deslizamiento en el rodado trasero del tractor
Figura 15 b. Tabla de deslizamiento

Entonces pues, la operación adecuada del sistema comienza con una verificación visual para los neumáticos de tracción del tractor agrícola. De tal forma que estando preparado el tractor sobre una superficie plana las puntas de las barras de rodamiento de cada lado del neumático estarán justo tocando la superficie del suelo. Luego, cuando la labor a desarrollarse es roturación de suelo, los neumáticos del eje de tracción deberán llenarse de agua al 75% de su capacidad. A partir de este punto se procede con el enganche del implemento de roturación y su nivelación preliminar, (toda vez que la nivelación definitiva se realiza en el campo). También se verifica el porcentaje de deslizamiento en los neumáticos de tracción, de tal forma que se mantengan entre el 10 y el 15% antes mencionado. De existir un deslizamiento superior al 15%, se deberá realizar el agregado de contrapesos de hierro en los dos neumáticos de tracción.

Pero, si el tractor agrícola debe realizar labores en la superficie del suelo tales como: las escardas, los desvares, aplicación de agro-químicos, inclusive de siembra o fertilización, todo el contrapeso (tanto de agua como de hierro) deberá ser retirado de los neumáticos de tracción.

Con respecto al contrapeso del eje delantero del tractor agrícola, este se debe tener siempre instalado (tanto en labores que se hacen bajo como sobre la superficie de suelo), puesto que la función de contrapeso es la de mantener la estabilidad del tractor agrícola precisamente en su sistema de dirección.

Figura# 16 Esquema de presión de inflado en los neumáticos traseros

No obstante que los tractores agrícolas, cuando se desplazan dentro del campo de cultivo, hacen uso de los frenos para corregir y dar dirección al conjunto tractor-implemento, no debe, (en su modo de operación normal), prescindir del sistema de dirección; toda vez que dicho sistema está incorporado al tractor precisamente para guiar su desplazamiento, tanto fuera del campo de cultivo como dentro de este. Consecuentemente, mantener el tractor en contacto con el suelo en cualquiera que sea la labor, debe ser una condición de observancia básica. De ahí que el auxilio de los contrapesos delanteros en los tractores agrícolas es de uso general durante todo el tiempo que dure en las labores de producción de cultivos y manejo de suelos.

Capítulo 11

HERRAMIENTAS DE LABRANZA

ARADOS DE REJA Y VERTEDERA. El arado de reja y vertedera, fabricado hierro fundido y luego en acero, cuya patente se obtiene por el año de 1813, es hasta la fecha una de las herramientas que mejor se comportan en campo para realizar la roturación e inversión de prisma del suelo. puesto que al hacer su trabajo el arado de reja y vertedera (o de vertedera solamente), corta, levanta, despedaza e invierte totalmente el prisma de suelo que ha cortado. De tal forma que todo lo que se encuentra sobre la superficie del terreno bajo labranza lo hace girar en unos 180° para ser enterrado hasta el fondo del surco. Con el arado de reja y vertedera se llega a superar sobradamente a cualquiera de los otros arados cuando se busca roturar suelos duros con zacate, enterrar los abonos verdes u orgánicos, el rastrojo de maíz y la paja de frijol o de trigo; así como el control de maleza, de insectos, y de enfermedades en los cultivos. Dado que el arado de reja y vertedera tiene capacidad para desarrollar todas las labores descritas, sea entonces una premisa el conocer cómo y bajo qué condiciones de campo pueda hacerlo; empezando con lo que se estima sea el factor (aunque no el único) para ***obtener los mejores resultado*** al arar diferentes tipos de suelo agrícola.

Una de las consideraciones importantes con respecto al buen rendimiento del arado reja y vertedera es, precisamente, el buen estado de conservación de sus rejas. En efecto, cada fondo en el arado esta compuesto por: una reja, una costanera, una vertedera y un bastidor. De tal forma que a partir de las dos partes principales del conjunto que son la reja y la costanera (cuya función básica es actuar a manera de cuña en el suelo con la finalidad de cortarlo en surco) se puedan abordar ya los fundamentos que sirven de apoyo a la operación en campo del arado reja y vertedera. De ahí que, a partir del suelo, su textura y contenido de humedad, se determine el tipo de trabajo que deberá ser realizado para conseguir un fraccionamiento adecuando de la tierra. O simplemente de hacer solo un volteo del prisma del suelo para airearlo. De ahí que el trabajo de aradura con reja y vertedera depende totalmente de los fondos de arado que se usen para tal fin. Por ejemplo, los fondos que se componen de vertederas de curva larga y casi recta, tienden a voltear el corte del suelo en una forma gradual que altera muy poco su composición. Del lado opuesto se encuentran las vertederas de cuerpo corto y curva pronunciada, cuyo objetivo es la fracturación de suelo de tal forma que lo deja totalmente desmenuzado y bien mezclado con todos los residuos de cosecha y zacate existentes en el campo bajo labranza; por lo tanto, el tipo de fondo apropiado para que se pueda conseguir una sementara ideal.

Dentro de los extremos descritos existen fondos diseñados para lograr diferentes resultados según sea el objetivo de labranza. Por ejemplo, fondos de uso general compuestos por vertederas de poca curva cuyo fin es proporcionar al prisma del suelo cortado un volteo suave, en surcos bien marcados, esto para contrarrestar alguna propensión a la erosión. Su empleo en general es en labores de aradura donde existan yerbas, residuos ordinarios de cosecha y tallos, los cuales no se desea incorporar totalmente sino dejarlos como cubierta vegetal. La velocidad de traslado en el tractor para este trabajo es lenta, de entre los 4,8 a 6,4 km x h

Luego están los fondos de alta velocidad para uso general. Los cuales son apropiados para labores de aradura en suelos francos (textura media), donde sus componentes de arena, limo y arcilla están más o menos en equilibrio; puesto que la producción ideal de cosechas basados en los cultivos de escarda que se pretenden desarrollar, amen de otras premisas, es en este tipo de suelos. De ahí que los fondos de alta velocidad para uso general sean los apropiados para romper e invertir en más o menos 180 grados el prisma de suelo. Durante esa acción, cortan y pican residuos de cosecha: zacate, tallos de maleza y desechos vegetales; incorporándolos al suelo para darles una estructura granulada que lo convierte en la sementera adecuada para la producción de cosechas. Entonces pues, la condición básica requerida para conseguir la cementera perfecta que propicie rendimientos de cosechas altos con el arado de reja y vertedera de alta velocidad es, precisamente, el tipo de fondos y la velocidad. Una velocidad que está condicionada a un mínimo de los 6,5 kilómetros por hora, y a un máximo de 11 kilómetros por hora. Debido a la velocidad de traslado requerida en el tractor para operarlos se les denomina como arados de alta velocidad.

Otro tipo de fondo de arado es el de rejilla. Los cuales se diseñaron para trabajar en suelos que la mayor parte del tiempo están saturados, ya sea porque se encuentran en un bajío o muy pegados a un canal de riego. De tal forma que al intentar ararlos tienden a adherirse en el fondo del arado formando una masa de suelo difícil de manejar. La rejilla, que realmente forma una vertedera fraccionada, separa el suelo cortado por la reja y lo aérea a tal grado que se propicia una eficiente secado de sus agregados dejándolo listo para subsecuentes labores.

Luego están los fondos para rastrojo (maíz básicamente) que se conforman por: una vertedera de curva aguda, con el fin de que la franja de suelo al ser cortada y deslizarse a lo largo de la vertedera sea volteada e incorporada rápidamente. De forma tal que corta el rastrojo mezclándolo con el suelo pulverizado para enterrarlo profundamente. Sin embargo, el fondo rastrojero no es apropiado en aradura de alta velocidad puesto que para un buen desempeño requiere de velocidades que van de los 4,5 a 6 kilómetros por hora en al tractor que lo remolca.

Un fondo de arado más es el de vertedera helicoidal. Fondo empleado generalmente en suelos con alto contenido de arcillas, (pesados y de alta resistencia al corte) que al ser trabajados muy húmedos tienden a la formación de grandes terrones que son difíciles de romper posteriormente con la rastra de discos. Los fondos de vertedera helicoidal no tienen capacidad para hacer anchos de corte amplios puesto que su diseño está basado en el rompimiento de suelos duros pero no en conseguir ancho de corte. De ahí que su trabajo es el de cortar y poner la franja de tierra sobre el surco con el fin de que la lluvia y el aire la pulverice. Es decir, son fondos apropiados para la aradura de invierno.

Finalmente están los fondos para aradura profunda o de semi-profundidad; los cuales están equipados con vertedera de ala alta a fin de conseguir profundidades en la aradura y volteo del prisma del suelo en más o menos 45 centímetros y su empleo por lo general se da en los suelos bajo riego.

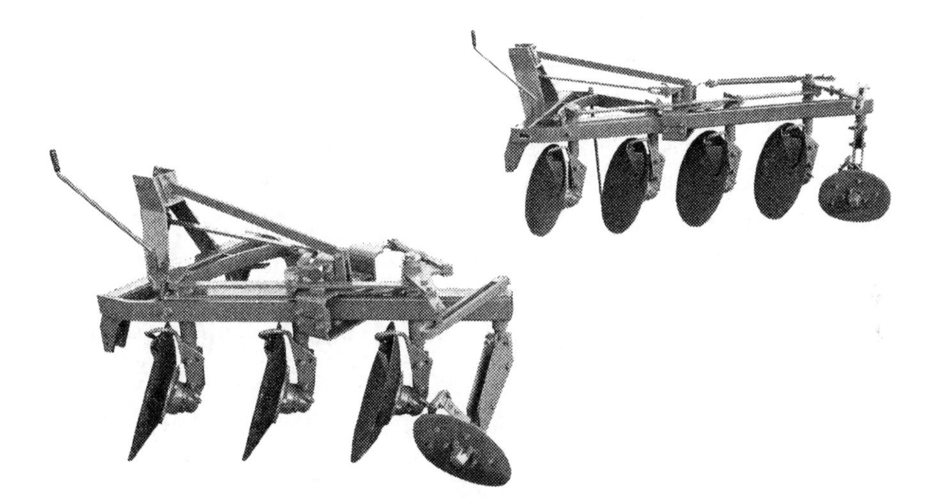

Figura 17 Arado de discos cóncavos para tractor agrícola

Dado que el borde de rompimiento junto con la vertedera del fondo del arado reciben la carga total de la tierra cortada por la reja, para, acto seguido, levantarla, fracturarla e invertirla mediante una acción deslizante, todo lo cual genera una gran cantidad de calor y desgaste en el fondo del arado. En consecuencia, los fabricantes de implemento de labranza están continuamente desarrollando mejoras a los materiales para que respondan al desgaste a fin de minimizar los diferentes grados de abrasión a que son sometidos los fondos de arado. Para ello existen materiales denominados como: acero de centro blando; acero solido; hierro fundido y templado.

El **acero de centro blando**, es un tipo de acero con textura muy fina y sumamente pulido. Características que le confieren muchas horas de trabajo aunadas a una buena limpieza cuando operan bajo condiciones de suelos de barrial (pegajosos en extremo cuando húmedos). El termino de acero de centro blando se refieren a que la vertedera se fabrica en 3 capas laminadas independientes, las cuales se unen a base de alta temperatura. La capa situada en medio es de un contenido bajo en carbono, en tanto que las 2 capas exteriores se fabrican con alto contenido de carbono; endurecidas mediante el proceso de calentar a alta temperatura y enfriar (templado), por lo regular empleando algún tipo de aceite derivado del petróleo.

Respecto al término de **acero solido,** se refiere a aquellas vertederas que se fabrican en 3 capas iguales de acero laminado con un contenido de carbono algo menor al usado en las vertederas de centro suave. Son vertederas altamente resistentes a los impactos que reciben por alguna piedra o raíz que se encuentren en el suelo bajo labranza. Pero, al usarse en suelos abrasivos (arenosos) tienden a sufrir un rápido desgaste, por lo tanto, su empleo es solo apropiado en aquellos suelos del tipo franco arcillosos.

Por último están las vertederas de **hierro fundido y templado.** Vertederas que en su fabricación se emplea hierro principalmente y se endurecen por templado. La vertedera de hierro ha sido diseñada para trabajar en suelos con cascajo y arenosos es decir, muy abrasivos y desgastantes, sobre todo para las vertederas fabricadas en acero.

Complemento importante de los fondos del arado y por consiguiente de las vertederas, son las rejas. La reja es la parte del fondo del arado encargada de realizar el trabajo de penetrar y romper el suelo en franjas. En esa acción la reja empieza por desplazar y medio rotar el suelo que va cortando pero no lo granula, puesto que la granulación y estregado lo hace la vertedera.

Entonces, igual que en las vertederas, las rejas se fabrican también en varios tipos de materiales a fin de que puedan realizar apropiadamente el trabajo de roturación del suelo. En efecto, a fin de poder hacer el trabajo exigido de roturación con un mínimo de resistencia y cabeceo en el arado, la reja deberá estar bien afilada como primera condición, luego, deberá tener una inclinación en su punta según lo exija la estructura del suelo. Por ejemplo en los suelos livianos donde la penetración no representa problema alguno es recomendable emplear rejas rectas de corte total. Pero a medida que el suelo se hace más pesado, la succión en la punta de la reja debe también ir aumentado, de tal forma que cuando se deba trabajar un suelo con alto contenido de arcilla y muy duro, la reja debe tener una succión agresiva.

Para tal fin se debe seguir la siguiente regla: la adherencia (succión) adecuada de la reja es aquella que se mide como diferencia existente entre la punta y el resto de la reja en alrededor de 3,1 a 4,7 milímetros.

Aun cuando el conocimiento general del fondo del arado, como de las partes que lo conforman, sea de suma importancia, para el óptimo funcionamiento en el campo se deben observar algunas recomendaciones que se relacionan con el enganche al tractor, dependiendo del tipo de arado. Es decir, de tirón (cuando se conecta a la barra de tiro) o integral, al ser conectado a los 3 puntos de levante en el sistema hidráulico del tractor. Entonces pues, luego de los fondos del arado, se debe tomar en cuenta lo que se denomina como el desempeño del arado dentro del campo, que es el estado que guardan todos sus componentes, así como un enganche correcto al tractor; puesto que de ello depende tanto la facilidad como la eficiencia de operación del equipo conformado por el tractor e implemento.

El enganche óptimo se logra al formar una línea recta que comienza en el centro de tiro del tractor y termina en el centro de resistencia del arado, tanto en el plano horizontal como en el vertical. Para ello el tractor debe tener los neumáticos inflados correctamente; la abertura de trocha delantera y trasera debe guardar la medida adecuada, es decir, tener una misma distancia en ambos lados medidos a partir del centro del tractor.
Por ejemplo, con un arado de 3 fondos y rejas de 35,5cm de corte se dispone de una ancho de corte total de 106,6 cm. Entonces, la mitad de 106,6 es igual a 53,3cm, que es el centro de corte del arado. Luego, la cuarta parte de longitud de la reja es igual a 8,875 cm.

Por lo tanto, midiendo 8,875cm hacia el lado izquierdo del centro de corte del arado, se tiene la ubicación de la línea central de tiro a 62,17cm de la pared del surco. Estos ajustes son para los arados de tirón (todos, incluyendo a los arados de discos), luego, el punto de resistencia de la reja del arado se localiza verticalmente en un punto situado más o menos a la mitad de la profundidad a la que se está arando.

Por ejemplo, cuando la profundidad de aradura es de 15,2cm el punto de resistencia se ubica a 7,6cm medidos desde el piso del surco o en un aproximado que se localiza entre la unión de la reja y la vertedera. Pero, dado el caso que la profundidad de aradura sea mayor de los 15,5cm, dicho punto de resistencia se localizara algo más arriba hacia la vertedera, y cuando sea menor a los 15,2cm la profundidad de aradura, entonces el punto de resistencia estará localizado algo más abajo hacia la reja.

En los arados para enganche integral, es decir, al sistema hidráulico de 3 puntos del tractor, se consigue un ajuste correcto disponiéndose la trocha trasera del tractor equidistante entre el centro del tractor y la cara interna de cada rueda trasera. Para tal fin se determinan por el tamaño del fondo del arado que son: de 59,6 cm para fondo de 35cm y de 69,8 cm para fondos de 40,6 cm. Para el caso de una aradura en mas de los 20 cm de profundidad habrá que agregarle 2,5 cm a las medidas de los anchos de trocha estimados de acuerdo a los fondos del arado (59,6 o de 69,8 cm).

Arados de discos. Los arados de discos son implementos pasados, puesto que una de las condiciones para la roturación en el suelo duro es precisamente el peso, que en conjunto con el filo de los discos y los ajustes en los ángulos de ataque e inclinación, determinan la eficiencia de operación en campo de esta herramienta de labranza.

El arado de discos es una herramienta que da buenos resultados en los terrenos que tiene pocos residuos de cosecha que picar, pedregosos, propensos a la erosión, con raíces, tocones y relativamente secos. Trabajan bien en pendientes moderadas, que van de 3 al 7 % y, a diferencia del arado de reja y vertedera, no corta ni hace una inversión del prisma del suelo, más bien cortan la rebanada de suelo y lo palea. Razón por la cual el arado de discos es una herramienta catalogada como de baja velocidad de operación, de entre los 4,5 a los 6,5 km/hora de avance del tractor, puesto que a una velocidad mayor los discos tienden a desparramar el suelo cortado en lugar de formar una cobertura uniforme de suelo arado. También, a diferencia del arado de reja y vertedera, el arado de discos corta el suelo a mayor profundidad, puesto que bien ajustado puede alcanzar los 40 cm de aradura; sin embargo el laboreo del suelo es algo más deficiente puesto que tiende a dejar en la superficie mucho residuo de cosecha (rastrojo, zacate, hierbas a medio picar e incorporar) lo cual le da la característica particular de proteger los suelos contra la erosión toda vez que la cobertura es áspera y aterronada. Luego, el arado de discos demanda un índice de potencia desarrollada por el tractor agrícola algo más bajo que lo requerido por el arado reja y vertedera. Operando ambos implementos con un ancho de corte similar, además, los costos por hora de operación en el arado de discos también son más bajos y, aun en el caso de estar mal ajustados durante la operación, su desempeño es más o menos bueno. Sin embargo, por resultados medidos en campo, se detecto la insuficiencia de nitrógeno y potasio en los suelos deficientemente drenados que fueron roturados con arado de discos. También la aradura propicio una disminución no capilar, se origino compactación del suelo y se favoreció la incidencia de malezas de manera considerable.

Respecto a la incidencia de maleza, el arado de discos tiende a favorecer su proliferación debido, sobre todo, a que no invierten el prisma del suelo, como es el caso del arado de reja y vertedera. Puesto que al cortar y palear la rebanada de suelo tiende a dejar muy cerca o sobre la superficie la semilla de malezas, que prolifera generalmente en los primeros 5cm. Ahora bien, la aceptación y el uso generalizado del arado de discos se debe, sobre todo, a que puede trabajar más o menos bien bajo cualquier condición de campo, aun estando mal nivelado y ajustado. Sin embargo, el máximo rendimiento se obtiene observando en la nivelación y ajuste del arado de discos, la misma relación que existe entre la potencia desarrollada por el tractor, la línea de tiro y el centro de resistencia ejercida, como ya se ha indicado para el arado de reja vertedera, y atendiendo las recomendaciones adicionales con respecto al ángulo de ataque y al ángulo de inclinación en los fondos de los discos.

En efecto, a los fondos de los arados de discos se les puede hacer ajustes tanto en el plano horizontal como en el plano vertical, tomando como una referencia básica la línea central de tiro en relación al avance del tractor. Para tal fin el ángulo horizontal con relación a la línea de tiro es de 42 a 47°; en tanto que el ángulo vertical en relación a la plomada es de 15 a 25. Los ajustes de los ángulos mencionados se emplean de acuerdo a la textura del suelo agrícola en proceso de labranza. De tal manera que para los suelos duros, difíciles de penetrar con los discos del arado, se ajusta el ángulo horizontal en los 47° y el ángulo vertical a los 15°. A medida que la dureza del suelo tiende a ser menor, el ajuste de cada uno de los ángulos se deberá ir moviendo en sentido inverso.

Luego, la rueda guía, que es el timón del arado, se ajusta en relación a la línea central de tiro apuntando hacia el volteo del suelo arado, cuando el suelo es duro, y hacia la pared del surco al ir disminuyendo esas condiciones de suelo duro, pero sin brincarse la línea central de tiro.

En esta parte es válido hacer la siguiente observación para la rueda guía con respecto a su función básica, que es la de mantener el arado siguiendo al tractor en línea recta. Es decir, de acuerdo a la línea central de tiro y al centro de resistencia del tractor-arado. Ningún ajuste en la rueda, sea hacia arriba o hacia abajo con relación al piso del arado, ayudara a que éste penetre mejor en el suelo duro. La rueda guía es solamente el timón del arado.

Otra de las herramientas usadas en la roturación primaria del suelo es el **arado rastra** o como se le denomina también: arado triguero. El arado rastra se comenzó a usar en el área de las grandes planicies cerealeras en Norteamérica por los años de 1920. Ahí en esa área se le considero como una herramienta para labranza primaria en los cultivos de secano. Cultivos en los que una vez levantada la cosecha principal se rotura el suelo y, en la misma operación por lo general se siembra un cultivo de cobertura que puede ser: pasto, trigo, avena; con el fin de obtener forraje para el ganado y al mismo tiempo mantener protegido el suelo agrícola de la erosión en el periodo invernal. Los ajustes para el trabajo de roturación siempre tenderán a dejar el suelo aterronado, ya que solo un ajuste se les puede hacer, consistente en la modificación del ángulo de ataque, (ángulo horizontal). Como este tipo de arado, a diferencia del arado de discos, tiene solamente una barra porta-discos común para la sección completa, es el motivo por el cual solo acepta el ajuste horizontal. De ahí que, con solo un ajuste y una sola sección de discos, el trabajo de roturación del suelo sea deficiente.

El ángulo de trabajo en el arado rastra se mide en relación a la línea que forma la sección de discos y la línea de dirección de avance de tractor, por lo tanto, el ángulo de trabajo se ubica entre los 42 a los 45 grados y, dependiendo de la dureza del suelo, puede variar de los 35 a los 65 grados. De forma tal que la agresividad del arado se obtiene en los 35 grados, (ángulo en relación a la línea de avance del tractor), lo cual es igual a propiciar el mayor enfrentamiento hacia la pared del surco de la sección de discos.

Arado de cinceles. Como una de las herramientas básicas para la roturación primaria del suelo, es poco conocido y menos usado en el campo mexicano. Ya que en regiones productoras de maíz de temporal se prefiere emplear el arado de discos; aun cuando la capacidad de campo, vista desde el ancho de corte y profundidad de roturación entre uno y otro arado, el de cinceles la duplica ampliamente. Por ejemplo: con igual resistencia al corte y más o menos a 25 centímetros de profundidad en un suelo de textura media, un tractor de 100 HP a la barra de tiro, remolca un arado de discos con diámetro de 28 pulgadas y ancho de corte de 0,95 a 1,05 metros. El mismo tractor y en condiciones iguales de campo, remolca un arado de cinceles cultivador con ancho de corte de 2,50metros. Es decir, el arado de cinceles cultivador dispone de 60% más de capacidad que un arado de discos. Además, bajo condición de temporal deficiente, alta pendiente del terreno, propensión a la erosión y pedregosidad; el arado de cinceles puede ser, y de hecho es, la mejor opción para que se sustituya el arado de discos en la roturación primaria del suelo.

Respecto a los ajustes en este tipo de arado prácticamente no existen, salvo la caída transversal, que debe ser ± entre los 2 y 3 centímetros (con relación al suelo), más alta en la parte delantera del implemento. Lo que quiere decir, que ha excepción del cambio de las puntas de cincel y la lubricación en algunas partes móviles, el mantenimiento es cero.

El trabajo que desempeña el labrado de cinceles en el campo consiste en: una fractura del terreno sin hacer inversión del prisma del suelo, o un semi volteo, como lo hacen el arado de reja y vertedera y el arado de discos. De tal forma que todo lo que se encuentra en la superficie del suelo, (sácate, maleza, residuos de cosecha, piedras), los deja en el mismo lugar. Por lo tanto, para cosechar agua y controlar la erosión, el arado de cinceles cultivador es una magnifica herramienta de labranza primaria. Aunado a todo ello, su alto índice de capacidad de campo y su bajo costo de operación.

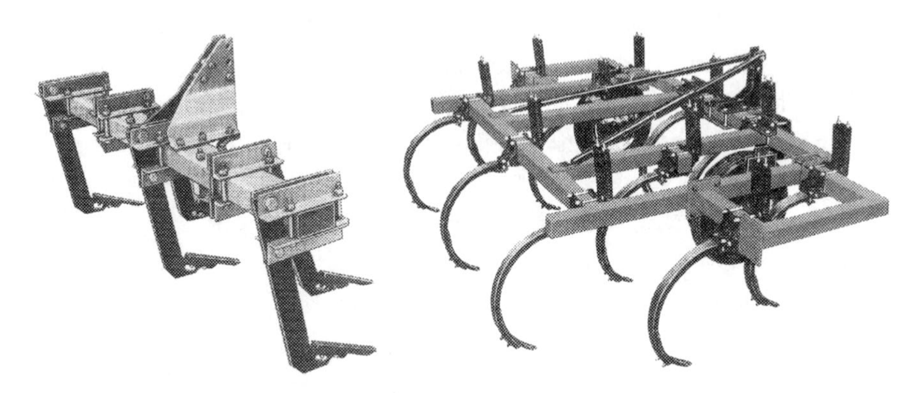

Figura 18 a. Arado subsolador
Figura 18 b. Arado de cinceles cultivador

Arado de cincel subsolador. a diferencia del anterior arado, el arado de cinceles subsolador es la herramienta de labranza primaria algo mas especializada. Toda vez que su empleo es adecuado para condiciones de suelo compactado, entre los 0,30-0,40 metros bajo la superficie, (ya que la capa arable se sitúa entre la superficie y los 0,20-0,25 metros), entonces, es conveniente el empleo del arado de cinceles puesto que estas condiciones de suelo difícilmente permiten un adecuando desarrollo de raíces en los cultivos de escarda, no favorece en nada la cosecha de agua, pero sí propicia la erosión del suelo, la evaporación y el escurrimiento superficial del agua; sea esta de lluvia o de riego.

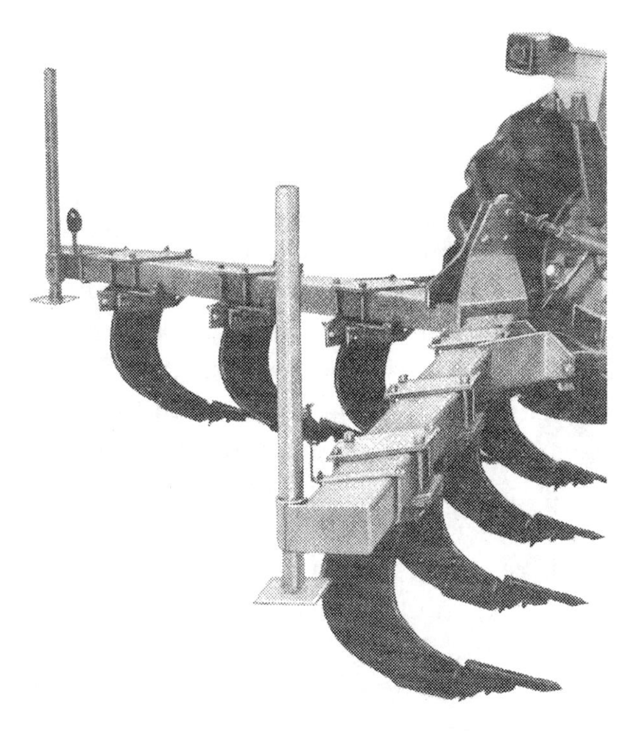

Figura 19. Arado de cinceles subsolador

Arado subsolador. Es la herramienta especializada cuyo empleo está destinado a la atención de los terrenos en los que se producen cosechas de grano y de forraje. En los cuales es muy común encontrar una capa dura o piso de arado debajo de la capa arable. Piso que según las condiciones físico-químicas del suelo tendera a formarse en los suelos bajo cultivo. Además, el paso continuo, no solo de las maquinas agrícolas sino también de los propios agricultores y de los animales de trabajo, propician la formación de la capa dura. Esta capa tiende a impedir la filtración del agua que cae en el suelo soporte de los cultivos y hacia el subsuelo El resultado es que, esa agua se escurre rápidamente sin llegar a penetrar lo suficiente como para que pueda llegar a considerarse como reserva efectiva y de utilidad para el aprovechamiento de las plantas. De ahí que dicha capa dura deberá romperse o fracturarse empleando para tal fin el arado subsolador. Implemento que abre el suelo hasta llegar a la capa dura para romperla y fracturarla en múltiples pedazos. Sin embargo la superficie del terreno no es alterada, de tal forma que todo lo que se encuentra ahí permanece igual; como las piedras, raíces, sácate, maleza, residuos de cosecha, etc. Y como consecuencia el agua al caer penetrara en el mismo lugar, permitiendo que el suelo se embeba y se convierta en un valioso deposito de humedad del cual las raíces de cultivo tomaran el elemento por periodos mas largos de tiempo. El arado subsolador al igual que el de cinceles y todas las otras herramientas cuyo fin sea roturar y fracturar el suelo sin llegar a invertirlo, no tienen prácticamente punto de ajuste que se considere relevante para el adecuado funcionamiento en el campo. Salvo lo que a inclinación se refiere y a las puntas de rompimiento en relación con la barra portaherramientas. Por ejemplo, la punta de rompimiento (en el plano vertical), ubicada algo más adelante del borde que se localiza en la parte delantera del arado, es más agresiva. Lo que quiere decir que hace mejor el corte y fracturación del suelo, pero requiere mucho más potencia del tractor que estando casi en el mismo plano vertical, tanto la barra portaherramientas como la punta de rompimiento. De cualquier forma, el trabajo de aradura con el subsolador o con los cinceles, de preferencia deberá realizarse en el momento en que el suelo se encuentre lo más seco posible. Porque a medida que el suelo incrementa los contenidos de humedad se afectara su fracturación, puesto que bajo esa condición lo que hacen estos arados es cortarlos exclusivamente.

Rastra de discos. Existen antecedentes documentados con respecto a su origen, que lo ubican en Japón, por la década de 1860. Sin embargo es hasta 20 años después cuando llega a los Estados Unidos de Norteamérica y se comienzan a emplear luego de que las compañías Randall y Dow, ubicadas en Sterling, Illinois, las empiezan a fabricar y comercializar.

La rastra de discos es quizá uno de los implementos de apoyo en labranza que encuentra más de una aplicación en la preparación de los suelos agrícolas; sea como labranza primaria o como labranza secundaria. Ya que al ser equipada con discos algo más grandes y de borde recortado puede roturar y fracturar suelo duro, terrones grandes, raíces y el rastrojo de maíz, sin ninguna dificultad. Por otro lado, equipadas con discos de bordes lisos mullen el suelo, incorpora fertilizantes, cubren semillas y residuos de cosecha que previamente han sido picados.

Para la fabricación de todas las rastras de discos se siguen varios criterios técnicos tales como: configuración, el tamaño y el peso. Donde además se pueden dar combinaciones, tanto en configuración, como en tamaños y peso, lo cual dependerá del tipo de tarea que se tiene planeado realizara en el campo de cultivo. De ahí que, independiente de los atributos ya descritos, el verdadero trabajo en este tipo de herramienta lo desarrollan los discos. Es decir, la clase de discos con que se tenga equipada la rastra. Por ello, es a los discos en donde se centrara la atención, cuidado y conocimientos a fin de obtener el mejor aprovechamiento del implemento durante el trabajo de campo.

Entonces, atendiendo el apartado de los discos, se encuentra que los más comunes son los que se fabrican como parte de una esfera hueca, en la cual su radio varía de acuerdo al diámetro. Que puede ser desde las 22 pulgadas (56,88 cm) hasta las 28 pulgadas (71,12 cm).

También se fabrican discos cónicos, pero son menos empleados, sobretodo en nuestro país. Los usuales se desempeñan muy bien en terrenos duros con abundantes residuos de cosecha que picar e incorporar, además dejan el suelo mejor mezclado puesto que, a diferencia de los discos esféricos, no dejan espacios con aire en el suelo rastreado. Pero son más caros que los esféricos y tienden a obstruirse bajo condiciones de suelo húmedo y pegajoso.

En esencia, el trabajo en campo con la rastra de discos consiste básicamente en hacer un amasado de suelo. Lo cual quiere decir que la franja de suelo trabajado de izquierda a derecha por la sección de discos delantera, debe luego trabajarse de derecha a izquierda por la sección trasera de discos. Además, como complemento de ese trabajo, la rastra deberá realizar funciones tales como: desterronar, picar e incorporar residuos de cosecha, nivelar y alizar el suelo, a fin de que se tenga una apropiada cama de siembra.

Los ajustes básicos para la operación en campo de la rastra de discos, deben tener en cuenta lo siguiente a fin de conseguir el mejor desempeño al menor costo posible.

Atendiendo el principio elemental que rige de manera igual para todos los implementos que roturan el suelo por medio de discos: la rastra de discos, primero, debe ser pesada; luego, los discos deben estar bien afilados y disponer de un medio de ajuste que la haga agresiva para el corte del suelo, es decir que se pueda obtener acomodo en los planos, tanto vertical como horizontal, de las secciones de discos.

Atendiéndose a las tres condiciones citadas, en el campo la operación de la rastra consiste en la observación de la posición que guardan las secciones de discos con respecto a la línea de avance del tractor que remolca. Por ejemplo, estando las secciones de discos formando un ángulo de 90° con relación a la línea de avance del tractor, (perpendiculares a la línea del tiro), el implemento tenderá a rodar sobre el suelo sin ninguna resistencia, por lo tanto no existe penetración ni corte al suelo. Pero al hacer modificaciones en el ángulo de ataque en la sección delantera de discos, principalmente, puesto que es la encargada de roturar el suelo, (ya que la sección trasera termina lo que la sección delantera ha hecho) de contrarrestar la tendencia de los discos a rotar y se aumenta su agresividad propiciando un adecuando corte del suelo.

Como resultado de esa acción el suelo es cortado y semi volteado en forma de un cilindro, pulverizándose a consecuencia de la velocidad.

Complementando lo anterior, una observación para lograr un apropiado funcionamiento de la rastra de discos en el campo. El centro de carga de las secciones de discos, que se localiza justo al centro de cada una de las secciones, y el ángulo de ataque de ellas con relación a la línea de desplazamiento del tractor, (perpendicular a la línea de avance). Dicho ángulo deberá ajustarse de entre los 10 y los 25 grados, de tal forma que a 10 grados de ajuste se tendrá un rastreo liviano y a los 25 grados será un rastreo agresivo, adecuado a condiciones de suelo con mucho residuo de cosecha que picar y mucho terrón que romper. Pero, bajo condición especial de campo, es decir de suelo duro, aterronado y de abundante maleza, dicho ángulo de ataque puede tener un ajuste de hasta los 50 grados.

Rastra de rodillos compactadores. Otro de los tipos de rastra es la de rodillos, herramienta que se emplea en labranza secundaria para desmenuzar los terrenos y afirmar la superficie del suelo con el fin de obtener una cementera adecuada para la siembra, (de semilla pequeña sobre todo) y la más ventajosa zona de raíces que contribuya a un buen cultivo y el posterior rendimiento de calidad de la cosecha. Cultivos tales como pastos y plantas forrajeras, alfalfa por ejemplo.

Para lograr el mejor desempeño de este tipo de rastra se dispone de rodillos fabricados en diferentes configuraciones según sea el trabajo a desarrollar, como puede ser: romper los terrones que quedan luego de haber rastreado con discos, pulverizar y nivelar el suelo, romper la costra que se forma en la superficie del suelo luego de una lluvia o del riego. Sin embargo, el objetivo principal de la rastra de rodillo es el afinar la superficie del suelo de modo tal que se asegure la germinación de semillas de tamaño pequeño. Para este propósito se dispone de: rodillos lisos de fundición tipo pesado, así como rodillos del tipo acanalado, o del tipo pata de araña y del tipo de dientes; para los que se usa generalmente el hierro fundido como elemento básico de fabricación.

La rastra de rodillos compactadores puede ser combinada, (cuando se busca un trabajo de campo más especializado), con timones flexibles y puntas de cincel cultivador intercalados entre las secciones de discos compactadores.

Figura 20 Rastra de discos cóncavos

Rastra de picos. Otro tipo de herramienta empleada en labranza secundaria es la rastra de picos o púas. Herramienta que se pueda utilizar para: romper la costra del suelo, sacudir los terrones después del rastreo de discos, alizar y hacer más firme la superficie del suelo. Ayudan a cerrar las bolsas de aire que permanecen luego de la aradura y el rastreo de discos; también en la conservación de la humedad (principalmente en las áreas de temporal); eliminan las malezas y son muy útiles para retirar del campo el zacate que ha quedado luego de la roturación del suelo y del rastreo.

La operación de campo de la rastra de picos es en extremo sencilla. Toda vez que trabajan tanto en sentido perpendicular a la pendiente; cuando se busca contrarrestar los efectos de la erosión producida por el viento; como siguiendo la configuración del terreno en los cultivos sembrados en curvas de nivel con el fin de reducir los escurrimientos del agua en el control de la erosión hídrica.

Ahora bien, puesto que la rastra de picos es una herramienta para operar en alta velocidad de campo, (10 a 11 kilómetros por hora), se deberá tener cuidado de buscar la mejor eficiencia realizando cada pasada de rastreo en tiradas lo más largas posible. Recordando que a velocidades altas se realiza mayor cantidad de trabajo en determinado tiempo, pero, en ese mismo orden, se aumentan los requisitos de potencia del tractor, el desgaste de los componentes de la rastra y el riesgo de accidentes.

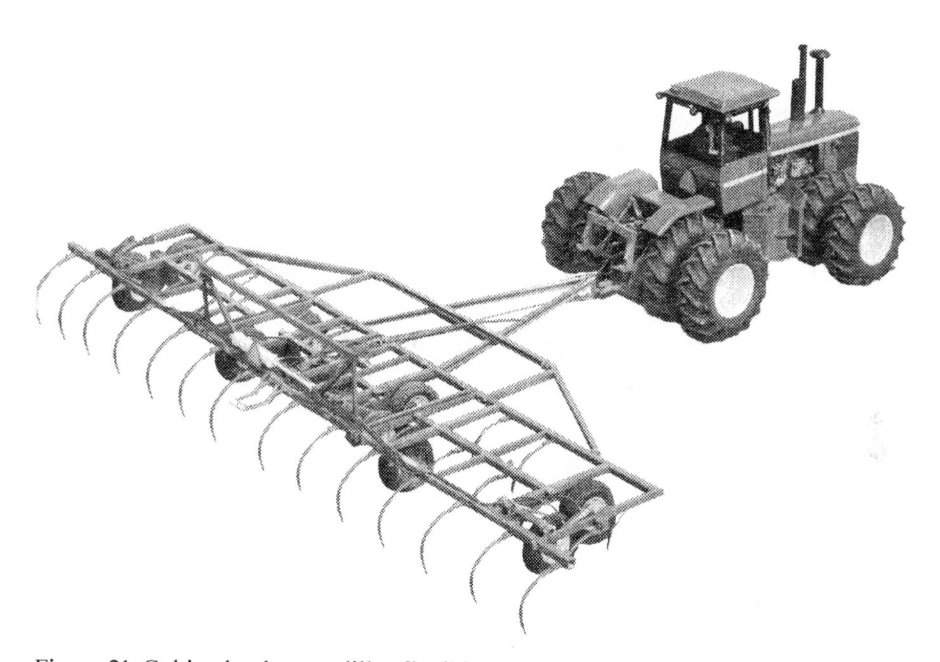

Figura 21. Cultivador de escardillos flexibles y tractor con tracción en las cuatro ruedas

Fondos surcadores. El término de fondo surcador, fondo roturador y aporcador, se utiliza en muchas zonas de las regiones agrícolas para describir la misma herramienta de labranza. Ya que el nombre local empleado generalmente hacer referencia a la operación de labranza y no al implemento en sí. Los fondos surcadores por lo general son ubicados como equipo de labranza primaria, lo cual no es del todo cierto, puesto que su función principal consiste en abrir surcos en la tierra de uso agrícola que previamente ha sido arada y rastreada. Esta herramienta de labranza puede estar diseñada con fondos de doble vertedera o con secciones de discos, lo que está en función de las condiciones de suelo y de la humedad existente e inclusive al gusto particular del tractorista. Sin embargo, es importante señalar que los fondos de doble vertedera trabajan bien cuando el suelo ha sido previamente roturado y rastreado puesto que, por condiciones propias de diseño, (ya que prácticamente no tiene la succión en la punta de la reja como en los arados de vertederas), su penetración es casi nula. Los fondos con discos, aunque tienen la misma limitación que los de doble vertedera respectó a la roturación, a diferencia de estos trabajan bien en aquellos suelos agrícolas con residuos de cosecha muy densos, con raíces o piedras pequeñas; ya que los fondos surcadores de reja bajo las condiciones descritas muestran dificultad para realizar un buen estregado de suelo. De cualquier forma, los fondos, tanto de doble vertedera como los de discos, se han empleado bajo condiciones de campo en las que prevalece la humedad del suelo, de tal forma que es difícil el empleo de la sembradora mecánica, la de precisión e inclusive la de cero laboreo. Lo que es indudable respectó a los fondos surcadores es su empleo para aquellas zonas agrícolas donde se acostumbra surcar y después sembrar a mano con peones de campo; lo cual es la labor acostumbrada generalmente en la áreas de secano, es decir, zonas de cultivo que se encuentran sujetas a la temporada de lluvias (o de temporal).

Capítulo 12

EQUIPO DE SIEMBRA Y ESCARDA

Es indudable que las necesidades son el principal impulsor de la creatividad. En lo que respecta a la tecnología esto es indudable ya que los avances en la materia han surgido luego de una necesidad. Y la principal necesidad humana es el alimento. Las invenciones agrícolas han sido constantes desde la herramienta hecha con cuernos hasta los modernos y sofisticados equipos agrícolas gobernados por satélite. Un país destaca en el desarrollo de tecnología agrícola. Los Estados Unidos de Norteamérica. En donde, por virtud de una creciente presión demográfica, a principios del siglo XIX, se originaron notables avances en el campo de las sembradoras. En 1825, la oficina de patentes concede la patente a una sembradora de algodón, y en 1839 se otorga para una sembradora de maíz.

Sembradoras para hileras

El diseño básico de una sembradora de hileras principalmente resuelve el problema de depositar semillas en la tierra de manera uniforme; tanto en profundidad como en distancia, aumentar o disminuir la densidad de siembra y, además, contar con la manera de ajustar el espaciamiento entre las unidades de siembra a diferentes anchos de surcada. Así que la maquina sembradora, para desarrollar su trabajo en forma adecuada deberá contar con sistemas que le permitan desarrollar con facilidad las siguientes funciones:

a) Abrir un surco mediano en el suelo.
b) Contar las semillas de acuerdo a la densidad de siembra calculada.
c) Depositar las semillas a la profundidad y distancia previamente determinada.
d) Tapar la semilla con tierra.
e) Compactar la tierra a lo largo y ancho del pequeño surco de siembra.

Las sembradoras para hileras se clasifican generalmente de acuerdo al tipo de semilla que se ha de sembrar; por ejemplo, sembradora de maíz, sembradora de sorgo o de milo-maíz (como se les conoce en muchas zonas agrícolas de México), sembradora de frijol, sembradora de cacahuate, sembradora de algodón.

Sin embargo, la maquina sembradora es la misma unidad, lo único que se le llega a cambiar a cada sembradora es el conjunto de platos semilleros en razón a la necesidad de manejo adecuado a la semilla a sembrar ;amen claro está, de los ajustes requeridos en los conjuntos de mando de acuerdo al tipo de semilla y, densidad y profundidad de siembra. Lo que significa hacer cambios en las relaciones de engranes en la flecha de mando y en la flecha mandada. Ajustes que se realizan de forma manual en las sembradoras mecánicas. En maquinas sembradoras más modernas y sofisticadas como las de precisión de cero laboreo y neumáticas, se realizan esos ajustes por medio de la fuerza hidráulica generalmente o, cambiando la posición de una pequeña palanca. De hecho, la gran diferencia en precio entre las sembradoras mecánicas y las modernas es el sistema de ajuste automático con que se encuentran equipadas.

Considerando que la producción de cosechas para grano se llega a obtener en regiones agrícolas que poseen su particular condición de temperatura, de precipitación pluvial, de tipos de suelo, de tecnología e inclusive de costumbres; las siembras también tienen sus particularidades y variantes, inclusive para un mismo cultivo. Por lo que se han desarrollada tres formas o maneras mediante las cuales se pretende asegurar una mejor siembra en: la nacencia, el desarrollo, la fructificación uniforme y el buen rendimiento de la semilla plantada.

Una de las formas es la siembra en terreno plano, la cual es adecuada para las regiones agrícolas en las que la cantidad de lluvia precipitada es suficiente para asegurar el crecimiento, la fructificación y el posterior rendimiento de grano de la cosecha. La otra forma se realiza en el lomo del surco, la cual se acostumbra en aquellas regiones agrícolas en la cual persiste la humedad del suelo sobre todo antes de la siembra, o donde se realizan riegos de auxilio a fin de apoyar los requerimientos hídricos del cultivo. La siembra que se realiza en el lomo del surco tiene ventajas como: facilitar las siembras tempranas; toda vez que la tierra tiende a secarse más rápido lo cual propicia su adecuado calentamiento y pronta germinación de la semilla plantada, situación que no consigue con la siembra en plano.

Luego esta la siembra en el fondo de surco, la que es usada en las regiones agrícolas donde la cantidad de lluvia precipitada es escasa e irregular en todo el lapso del tiempo que permanece el cultivo en el suelo. De ahí que la semilla sembrada en el fondo: aprovecha mejor la humedad disponible en razón a que es la parte del suelo laboreado y surcado en donde se conserva lo mojado más tiempo, además, se tiene la ventaja de que cualesquiera que sean la cantidad de lluvia que caiga esta será fácilmente captada por el suelo en beneficio posterior del cultivo.

Entonces pues, cuando un cultivo es sembrado en hileras, sean estas bajo la modalidad de: terreno plano, lomo de surco o fondo del surco; donde entre cada hilera exista un espacio suficiente con el fin de poder transitar para realizar las labores de: escarda, aporque, control de insectos y enfermedades, o de cosecha; se está haciendo referencia a siembra en hileras o en surcos. Sin embargo, cuando las hileras de siembra se hacen demasiado juntas que no permiten el paso de maquinaria para realizar labores de beneficio en el cultivo, entonces, se está haciendo referencia a siembra densa o de cobertera.

Sembradora de tolva. La siembra de cobertera se realiza generalmente con una sembradora de tolva, o como se le conoce también, de grano chico. Esta sembradora se emplea para semillas tales como: trigo, avena, cebada, en algunos casos el sorgo, arroz, centeno y también para las semillas de pastos, legumbres y en algunos casos frijol soya.

Ahora bien, todos los cultivos que por costumbre son plantados con una sembradora de tolva, en general, tienen la meta de obtener alto rendimiento por hectárea de grano, de forraje, o de grano y forraje juntos; donde su destino por lo general está pensando en la conversión grano-carne o leche según el caso, en la producción ganadera. La siembra densa o de cobertera tiene la ventaja sobre la siembra en hileras en que, una vez que se ha depositado la semilla en el suelo no se requiere del beneficio de la escarda o el aporque ya que en esta siembras, por lo tupido en el desarrollo de las plantas, no permite la competencia de la maleza y por ende es menor la perturbación en el suelo, así como menos transito de maquinaria, menos compactación del suelo, menos mano de obra, lo que redunda directamente en menores costos de cultivo.

Entonces es indudable que tanto las siembras de cobertera como las siembras en hileras pueden ser realizadas ya sea como un cultivo de secano, como un cultivo de riego, como un cultivo de medio riego, o como un cultivo de inundación (para el caso de arroz). También es indudable que tanto una sembradora mecánica como una sembradora de precisión, sea para hileras o para grano chico, facilitaran y harán rápida, eficiente y económicamente cualquier tipo de siembra; siempre y cuando se encuentren en optimas condiciones mecánicas y con los ajustes requeridos en cada caso. Pero la sembradora por si sola no soluciona el problema de la siembra, puesto que existe por lo menos otros cinco componentes que juegan por igual un papel importante en el proceso.

El primero de los componentes está referido a la semilla, la cual puede ser certificada, en el caso de disponer sobre todo de humedad suficiente durante todo el ciclo de cultivo, (desde la siembra hasta la cosecha); o seleccionada, en el caso de más o menos buena humedad y dosis regulares de fertilización.

El otro componente está referido a la humedad; puesto que los cultivos de campo empiezan a germinar en el momento en que el contenido de humedad en el suelo en base seca alcanza: ± el 26% para los sorgos, 35% para el maíz y un 75% para el frijol de soya.

Luego esta el calor, que en el proceso de germinación de las semillas tiene variaciones muy amplias, ya que puede ir desde cero grados hasta los 120 grados. Por ejemplo, los granos chicos como cebaba, trigo, y avena, lo hacen arriba de los cero grados, en tanto que otros granos como la alfalfa, el trébol, la algarroba forrajera y el frijol soya, lo hacen por encima de los 4,5 grados. Y para el maíz y el sorgo, la temperatura va por arriba de los diez grados celsius.

En cuanto a la luz, en algunas semillas no es requisito para germinar pero en otras es indispensable. Sin embargo, para semillas como el maíz y las leguminosas germinarán tanto bajo la luz como a oscuras. Así que las semillas que tienen como requisito más luz para germinar se deban sembrar casi a flor de tierra. Tal es el caso de la semilla del tabaco y de los pastos.

Finalmente el oxigeno, elemento que semillas como el maíz, algodón, trigo y cebada, lo requieren en cantidades mayores que semillas como el arroz, que inclusive germina bien en suelo inundado de agua.

En este punto es conveniente subrayar que se hace necesario ahondar en mayores detalles pues el conocimiento de la semilla es clave para llegar a desarrollar una siembra adecuada a fin de obtener las mejores cosechas lo cual es la culminación de todas las labores que se realizaron previamente. Y ya que hemos abordado someramente las condiciones básicas para que las semillas germinen apropiadamente corresponden seguir con el desarrollo de las plantas cultivadas. Se tienen de dos tipos que a saber se clasifican como: monocotiledóneas y dicotiledóneas.

En esencia a las plantas monocotiledóneas pertenecen todas las gramíneas como el maíz, el sorgo, el trigo, la cebada, el arroz y muchas plantas empleadas como forraje para alimentación del ganado. La semilla con propósito de siembra, tiene tres partes de importancia que merecen atención; siendo estas: la vaina, el endosperma y el embrión. La vaina tiene como función proteger a la semilla, ya que es la cubierta externa que la resguarda hasta que alcanza las condiciones óptimas adecuadas de germinación. El endosperma, que es el compuesto alimentario de la semilla, es decir, es una bodega que guarda almidón y la proteína que será usado durante la primera etapa de vida de la semilla al germinar. Finalmente el embrión, que está compuesto de tres partes que dan el impulso y vida al crecimiento de la semilla.

El muro que protege al embrión u ovario en manifiesta madurez está constituido por una serie de cubiertas que envuelven la semilla llamado pericarpio. En semillas como el maíz, el pericarpio se muestra en forma de hollejo y por lo mismo no es posible hacer la diferenciación entre epicarpio, mesocarpio o endocarpio puesto que forma una sola estructura. Luego está el aleurona, sustancia que actúa como reserva para consumirse durante el proceso de germinación; siendo esta de contenido proteico en forma de diminutivos gránulos alojados en la capa externa del endosperma.

Figura 22 Sembradora unitaria para maíz frijol

El endosperma es un tegumento nutritivo producido en el saco embrionario, el cual subsiste dentro de la semilla madura como reserva alimentaria que se usa tanto durante el proceso de germinación del embrión como de la diminuta planta. Luego está el epitelio, tejido externo que es una delgada película protectora del embrión. El escutelo, cotiledón transformado en órgano absorbente, adherido al endosperma. La epidermis del envés es un epitelio secretor, segrega enzimas que solubilizan las sustancias de reserva, las absorbe y las transporta al embrión. En tanto que el coleoptilo, como primer hoja que se localiza sobre el cotiledón en las gramíneas, se presenta como una cubierta que encierra la yema plumular y le da protección durante la germinación. En tanto la plúmula, que representa la yema del embrión en las semillas, es la encargada de dar comienzo en la parte aérea de la planta. Luego está la corona o nudo cotiledonar, localizado entre la radícula y la plúmula. Y de la radícula que como extremo del hipocótilo es de donde se desarrolla la raíz primaria; y de ahí llegar a la coleriza que se identifica como la cubierta que encierra la raíz primaria del embrión.

Ahora bien, respecto a las semillas dicotiledóneas, dentro de las que se encuentra el frijol, algodón, frijol soya, tabaco y las hortalizas; estas cuentan con dos cotiledones así como una plúmula, la cual al desarrollo se convierte en el tallo y las hojas sobre la superficie del suelo. Y esta la raíz o radícula bajo la superficie del suelo y justo encima de la superficie esta el hipocótilo que se localiza entre la radicula y los cotiledones.

Así que en las semillas dicotiledóneas el proceso de germinación inicia en el momento en que, tanto la temperatura como el oxigeno y la humedad, son las adecuadas para que las enzimas dentro de los cotiledones se activen dando como resultado el crecimiento de las células en el hipocótilo y las hojas de forma tal que a medida que este se alarga y crece, tornándose mas grande, empieza a curvarse hacia arriba jalando los cotiledones y plúmula fuera del suelo. Razón por la cual plantas como el frijol se doblan al emerger de la capa arable a la superficie del suelo.

Como se ha visto, tenemos que el sistema principal de raíces se origina en la corona, la cual se encuentra en desarrollo a partir del sistema radicular creado por la semilla, de tal forma que entre semilla y corona esta el mesocótilo. Su tamaño es básico puesto que de ello depende una buena emergencia de la plántula ya que a una profundidad en la siembra de 5 a 7 y medio centímetros el mesocótilo se alarga aproximadamente a la mitad de la superficie del suelo. Sin embargo, cuando existe una profundidad de siembra muy grande el estiramiento tiende a detenerse, impidiendo por ese hecho que la plántula continúe tirando hacia arriba del suelo, con lo cual propicia que se invierta el procedimiento forzándola a un crecimiento descendente en forma de sacacorchos.

Un factor decisivo es el tamaño de la semilla para la más alta eficiencia en la nacencia de las plantas cultivadas, maíz por ejemplo. En dos experimentos realizados, uno con granos de plano grande sembrados a 5 cm y a 15 cm de profundidad y en el segundo experimento a similares profundidades, se sembraron granos de maíz plano chico. Al finalizar los experimentos se encontró que: en las siembras realizadas a 5 cm de profundidad se pudo obtener mejor nacencia y desarrollo de las plantas dentro de los primeros 20 días seguidos a la siembra, y más tardado en la siembra hecha a quince centímetros de profundidad, con cualquiera que allá sido el tamaño de semilla sembrada. Situación que obedece al tamaño más grande de la semilla puesto que ésta dispone de mayor cantidad de nutrimentos como reserva almacenada, lo cual se refleja en una nacencia más rápida de plantas vigorosas.

Para una buena siembra, luego de las características sobresalientes de la semilla, esta la sementera, el pequeño surco abierto por la unidad sembradora y que cae justo en medio de dicha unidad. En esencia, una buena siembra inicia con la apertura de surco a una profundidad previamente determinada con el fin de depositar ahí la semilla y taparla con las palas tapadoras o los discos según el caso. Enseguida, la rueda de mando o de tierra de la unidad sembradora se encarga de apretar la sementera, es decir, la tierra previamente arrimada con las palas. Si se ha preparado el suelo adecuadamente, la rueda de mando de la sembradora deberá dar firmeza suficiente al suelo, pero no comprimirlo, puesto que una sementera firme le provee a la semilla de humedad suficiente para la germinación, en tanto que una sementera suelta y poco compactada tiende a romper la acción capilar del agua impidiendo que tenga el adecuado contacto con la semilla y por ende su germinación. Por otro lado, la sementera no se deberá compactar en exceso puesto que la tierra comprimida tiende a limitar el suministro de oxigeno a la semilla y a la plántula.

Enseguida se tiene la zona de raíces, es decir el área que se localiza a los lados de la sementera, que es aquella parte del suelo laboreada pero no sembrada, que esta suelta por el rastreo. La conveniencia del suelo suelto es el de permitir que las raíces crezcan y adquieran un buen desarrollo a través del suelo abasteciéndose de nutrimentos y de humedad.

Escardadoras. Las labores de escarda o aporque se usan en las siembras de hileras, es decir en el surco, la siembra de cobertera no requiere de este tipo de trabajo en el suelo por ser un cultivo denso. Entonces se tienen dos tipos de maquina escardadora que cumplen con el objetivo del desarraigo de las malezas dentro del cultivo. Un tipo de maquina es la que está provista de ballestas y puntas de cincel o de palas en un armazón común o en una barra portaherramientas, y es el cautivador más popular en nuestro país debido a la fácil adaptación, tanto en los cultivos como en los suelos agrícolas. Además por lo sencillo de los ajustes y la operación de campo. Sin embargo, la eficiente operación para efectuar las labores del desarraigo de malezas que compiten por humedad, nutrimentos y luz con las plantas cultivadas depende de la selección apropiada que se haga de las palas o de los cinceles según se requiera: desarrollo de las plantas, malezas existentes y tipo de suelo.

Por ejemplo, con una cultivadora dotada de escardillos de cuerpo ancho y la corona de ángulo y lados bajos tiende a ser muy agresiva por lo que su acción de control de malezas es bastante efectiva. Pero en el suelo su acción apenas se puede notar cuando lo remueve, lo afloja y lo mezcla; con ello se favorece en mucho la conservación de la humedad y de los nutrimentos esenciales en el desarrollo de las plantas cultivadas.

Por otro lado, cuando la cultivadora está equipada con los escardillos de cuerpo largo y angosto así como de corona alta también facilitara la limpieza, el estregado, el volteo del suelo y el desarraigo de las malezas en los suelos de tierra negra (pegajosos). En consecuencia, la apropiada selección de los escardillos que equipan la maquina cultivadora permitirán efectuar trabajos de calidad en la escarda de las plantas cultivadas. Sin embargo, la efectividad de la cultivadora se pierde al existir en el campo exceso de humedad (por abundantes lluvias o por riego muy pesado) puesto que los escardillos desarraigan las plantas de maleza pero no las entierran lo suficiente para ahogarlas, por lo que resulta en rebrote de mucha maleza, la que además es muy agresiva.

El otro tipo de maquina escardadora está dotada de una serie de ruedas y puntas con forma de dedos que se encargan del desarraigo de las malezas. Este tipo de maquina cultivadora, compuesta de un armazón que soporta las ruedas giratorias, funciona picando la parte superior del suelo en los primeros 5 cm (picando, no removiendo la corteza del suelo), por lo que se conoce como cultivadora rotatoria y en alguna zona como cultivadora pata de gallina.

La escarda oportuna practicada en las cosechas en hileras durante los primeros días que le siguen a la nacencia del cultivo es uno de los factores determinantes tanto para la calidad del producto como para el futuro rendimiento a la cosecha. Lo cual es evidente para quien haya observado los resultados obtenidos por una oportuna y bien realizada escarda cuando esos mismos resultados son comparados con otra escarda realizada de forma deficiente. Es indudable que cultivos de escarda como el maíz, el sorgo, el cacahuate y el frijol, u otro cultivo, que se encuentren invadidos por hierbas y zacate tienden a producir pobres resultados al momento de la cosecha, lo cual no sucederá en los cultivos bien escardados.

La labor de escarda tiene como fin la eliminación de las malezas que le hacen competencia al cultivo respecto a los nutrimentos, la luz y la humedad. Pero también se consigue formar una especie de acolchado en la superficie del suelo, asimismo ayuda a conservar la humedad y facilita la entrada de aire y de luz. Estos tres aspectos son básicos para el adecuado desarrollo del cultivo. Pueden ser restringidos luego de una fuerte lluvia o de riego pesado porque se presenta la tendencia en el suelo a la formación de una costra: que propicia la perdida de humedad a través de las grietas que se forman y esa al encontrarse extendida por todo el terreno tenderá a limitar el libre movimiento del aire y de la luz. Por eso el trabajo que se pretende desarrolle la cultivadora rotatoria, a diferencia de la cultivadora de palas y escardillos, consiste en desarraigar las malezas pequeñas que se presentan durante la primera etapa de cultivo. Es decir, dentro de los 20 a los 25 días siguientes a la nacencia de las plántulas del cultivo; especialmente en cultivos como el maíz y el frijol. La razón de la escarda durante la primera etapa de cultivo empleando la cultivadora rotatoria es por lo siguiente: el trabajo que hace la cultivadora rotatoria consiste en picar el suelo a través de los dientes en forma de dedos, desarraigando al mismo tiempo las pequeñas plantas de malezas, pero no solo eso, sino que, además, las tritura de forma tal que dificulta que vuelvan a germinar aun bajo las mejores condiciones de campo.

La conformación de la cultivadora rotatoria generalmente consta de dos series de ruedas. En donde las ruedas delanteras trabajan en una porción de suelo y las ruedas traseras trabajan otra porción diferente, de tal manera que toda el área fuera de las hileras de siembra queda mullida en los primeros cinco centímetros del suelo arable y con todas las yerbas desarraigadas y picadas. Cada una de las ruedas que forman la cultivadora rotatoria tiene 16 dientes en forma de dedos que al girar impulsados por el arrastre del tractor entran en la tierra y la remueven, lo que resulta en una superficie de suelo pulverizada y, además, libre de maleza.

Capítulo 13

EQUIPO DE APLICACIÓN

PARA EL CONTROL DE INSECTOS, enfermedades y malezas en la agricultura mediante los agroquímicos se dispone de una variedad de maquinas adaptables a la necesidad específica que se presenta, ya sea por las características del suelo, por los tipos de cultivos, e inclusive, por especificidad de plagas, tamaño de la superficie a tratar y tiempo disponible para el control.

Ahora bien dependiendo del requerimiento de aplicación, se tiene desde el equipo muy especializado empleado en trabajos de investigación hasta el equipo normal usado en la agricultura comercial. Partiendo de esa consideración es importante conocer la serie de características técnicas que presenta cada uno de los equipos. Características que determinan los criterios para seleccionar tanto el equipo como el producto químico que deberá aplicarse. Abordaremos los cuatro tipos de equipo más utilizados en nuestro medio.

Equipo de aire comprimido. El equipo de aplicación mediante aire comprimido tiene la característica de un diseño sencillo, tanto en operación como en mantenimiento, siendo además muy barato. Sus componentes básicos incluyen: un tanque o deposito del agua; una bomba para comprimir el aire; una manguera con pistola de control del liquido y boquilla de aspersión; una válvula para el control de la presión; y un tapón de cierre hermético para el tanque.

Los materiales empleados en la fabricación del equipo de aire comprimido son: lámina de acero galvanizado, de cobre o de latón; materiales que garantizan vida útil de mayor duración para los componentes del equipo. Por lo general este tipo de bomba se construye para contener cantidades de líquido de los 2 hasta los 20 litros. Respecto a su eficiencia de operación esta se basa en el llenado a un 75% de la capacidad total del tanque, dejando el restante 25 % de la capacidad como espacio libre para el aire que se usará para la presión de operación dentro del tanque. La presión oscila entre las 30 y 50 libras por pulgada cuadrada (2,11 a 3,5 kg x cm^2), obtenida por medio del bombeo manual.

Equipo de mochila. Los equipos de aplicación del tipo de mochila son unidades compactas que se disponen para ser cargadas en la espalda de un operario y se sostienen mediante dos correas (una al hombro derecho y la otra al hombro izquierdo) En este tipo de aspersor la presión con que operan se obtiene mediante una palanca y el movimiento se transmite a la bomba situada al interior del tanque principal del aspersor. La bomba puede ser integral de pistón, de diafragma, o de pistón de doble acción. Ahora bien, dado que los movimientos de bombeo constante producen cambios de presión al interior del tanque, su variabilidad representa una inconveniente para conseguir una cobertura uniforme de aspersión; la solución al problema se resuelve instalando una cámara de presión, esa cámara se encargará de proveer la presión final hacia la(as) boquilla(s) de salida.

Los aspersores de mochila, a diferencia de las aspesoras de aire comprimido, operan a presiones algo más altas ya que oscilan entre las 80 y 180 libras por pulgada cuadrada (5,60 a 12,65 kg x cm^2), asimismo disponen de un sistema de agitación a fin de mantener la solución de aspersión permanente mezclada, mediante agitadores que pueden ser hidráulicos o mecánicos. El agitador hidráulico se compone de un tubo de retorno acoplado a la salida de la manguera del aspersor de tal suerte que siempre se dispone de un chorro de líquido dentro del tanque principal. En tanto que para el agitador mecánico se dispone de una o varias paletas conectadas al brazo interior que se emplea para accionar la bomba, de forma tal que al accionarse el brazo (palanca) del bombeo se mueven también las paletas al interior del tanque, creando turbulencia que mantienen homogénea la solución de aspersión. Los tanques de las aspersoras de mochilas se fabrican también en material laminado como: acero inoxidable, acero galvanizado, cobre, latón, y fibra de vidrio o mediante rotomoldeo con polímeros como polietileno o PVC. Sus capacidades de llenado van desde los 15 a los 23 litros (3,96 a 6,07 US galones)

Equipo de tipo bicicleta. Las ruedas con rayos similares a las de las bicicletas es lo que da nombrea este tipo de aspersor. Ruedas que le sirven de soporte al bastidor de aluminio en que se monta un tanque o contenedor de líquido de aspersión. Se emplea principalmente en la investigación, sin embargo también se usa en parcelas pequeña donde el costo de aplicación de agroquímicos no es problema, ya que la presión de operación se obtiene mediante cilindros cargados con CO^2 o nitrógeno comprimido en lugar de aire. Los tubos y el aguilón se construyen en acero inoxidable, generalmente de ¼ de pulgada de diámetro (6 mm) y de hasta 3 metros de longitud.

Equipo de aplicación para enganche integral. Este equipo es para ser acoplado en el enganche de tres puntos del tractor, y se opera mediante el eje toma de fuerza, que por lo general trabaja a 540 revoluciones por minuto, accionando una bomba que puede ser de rodillos o de pistón. Las de rodillos operan a presiones entre las 0 a 300 libras por pulgada cuadrada (0 a 21 kg cm^2). Las de pistón, de 0 a 600 libras por pulgada cuadrada (0 a 42 kg por cm^2). Los materiales con que se fabrican los tanques son: el acero inoxidable laminado y la fibra de vidrio. Sus capacidades van de los 500 a los 1 000 litros; los aguilones pueden medir desde 5 hasta los 18 metros. por lo que todos los aguilones son plegables a fin de que su transportación sea segura fuera del campo. La mezcla uniforme dentro del tanque para la aspersión del agua y el agroquímico se consigue mediante la presión de retorno del mismo sistema hidráulico. La cual al regresar como excedentes de solución de aspersión sin usar, desarrollará dentro del tanque una constante agitación.

Método de calibración para equipo de aplicación. Independiente al equipo seleccionado para una aplicación de agroquímicos en campo, dicho equipo tendrá que calibrarse antes de entrar al terreno; procurando disponer de condiciones lo más parecidas a las que encontrara durante la aplicación real. Para tal fin, se deberán observar las siguientes recomendaciones mediante las cuales se pretende obtener una aplicación muy cercana a un 65% de eficiencia de campo, considerado como máximo para este tipo de equipo.

a-) Medir y marcar una distancia conveniente que ofrezca seguridad en el proceso de calibración del equipo, por ejemplo 50 metros.

b-) Llenar con agua el tanque del equipo de aplicación, puede ser hasta donde el borde superior o hasta una marca previamente determinada.
c-) Determinar la velocidad, mediante la cual trabajara el equipo; la velocidad de traslado está dada en kilómetros por hora. Enseguida se mide el ancho total (en metros) de cobertura del aguilón.
d-) Medir el gasto total de agua, así como el gasto individual de cada una de las boquillas, utilizando bolsas de polietileno atadas a cada uno de los tubos de las boquillas.
e-) Operar el equipo de aplicación dentro de las marcas previamente señaladas y a la velocidad de traslado determinada de antemano, abriendo la válvula de control en el aspersor al llegar a la primera marca, y cerrar la válvula de control al llegar a la marca final.
f-) Determinar el gasto de la prueba; tanto el gasto de cada una de las boquillas, como el gasto total del ancho de aguilón, el cual debe corresponder con la sumatoria del total de boquillas.
g-) Determinar el gasto total de agua en la prueba, midiendo tanto el nuevo nivel que se muestra en el tanque como el agua suma de las boquillas, hacer la comparación de ambos gastos.
h-) El gasto total de agua requerido por hectárea, conforme al resultado de la prueba realizada, se determina mediante la siguiente proporción:

10 000 m^2 = 1 ha,
Gasto en litros de agua de la prueba = g,
Superficie de la prueba en $metros^2$ = s,
Litros de agua requeridos en la aplicación real de campo = L,

$$\Rightarrow \text{(1 ha) (g) /s= L total.}$$

Luego la velocidad de traslado del tractor agrícola y el equipo de aplicación es determinada por el procedimiento siguiente:

A partir de la marca ya medida de 50 metros utilizada antes, se reparte, a partir del centro, una medición de 8,33 metros a cada lado, de tal forma que la suma será de 16,66 metros de largo. En cada uno de los extremos de esta edición se clava una baliza que servirá de referencia para tomar los registros del avance del tractor junto con el equipo. Luego con un cronometro en la mano del observador se comienza la lectura del tractor y equipo al pasar por la primera baliza y se termina la lectura al pasar la segunda baliza, se registran los segundos que tardó el tractor y equipo en hacer el recorrido de los 16,66 metros.

Es recomendable realizar cuando menos 3 recorridos para la verificación de la velocidad a fin de establecer una velocidad promedio, la cual se obtiene mediante la sencilla formula que se anota en seguida:

m = minutos contenidos en 1 hora,
c= velocidad promedio en el recoridido de 16,66 mts
v = velocidad en kilómetros por hora.

$$\Rightarrow m/c = v$$

Por ejemplo, supóngase que una media obtenida en 3 recorridos del tractor y equipo entre las dos balizas fue de 8 segundos; entonces, la velocidad de avance en kilómetros por hora obtenida es de siete y medio kilómetros por hora,

$$\Rightarrow \mathbf{m\ 60/c\ 8 = v\ 7.5}$$

Consideraciones generales.

1- Al ser aumentada o disminuida la velocidad del equipo de aplicación en el suelo, se aumenta o disminuye también la cantidad de líquido dispuesta cuando se realiza la cobertura.
2- Al ser aumentado o disminuida la presión en la bomba del equipo de aplicación, se aumenta o disminuye así mismo la cantidad de líquido dispuesta para la cobertura.
3- A medida que se aumenta la distancia entre las boquillas del equipo y la superficie muestra del suelo, la cobertura pierde eficiencia.
4- El viento y el calor tienen gran influencia en la eficiencia de aplicación, ya que su aumento se refleja en pérdidas y degradación del agroquímico, lo cual provoca deficiente cobertura y arrastre de material hacia los campos vecinos.

Boquillas. Las boquillas hidráulicas consisten en pequeños orificios por donde se hace pasar la mezcla de aspersión a cierta presión, obligando a los líquidos a fraccionarse en pequeñas gotas. Además regulan la salida del flujo, y a medida que se incrementa en ellas la presión, aumentan su gasto y las gotas que producen son cada vez más pequeñas. Existen diferentes tipos de boquillas hidráulicas en cuanto a material de fabricación, espectro de aspersión y gasto. Se diseñan para usos específicos. Las de cono hueco, forman nubes de gotas pequeñas y son capaces de cubrir el haz y envés de las hojas; en general. Las de cono lleno, forman gotas de medianas a grandes y son utilizadas para tratar sitios específicos, por ejemplo aplicaciones a los tallos y cogollos de plantas, a la raíz, y sobre las hileras de los cultivos.

Las boquillas que se emplean en los aspesores del equipo de aplicación cuentan con un patrón de aspersión que es su principal característica distintiva y un ángulo de aspersión determinado, pudiendo ser de 0° a los 180°, en general se catalogan como: Boquillas abanico, las hay de diferentes tipos: plano estándar, plano uniforme, fuera de centro, chorro, chorro jet y doble abanico; Boquillas cono hueco, de tipo cono hueco estándar o cono ajustable; Boquillas cono hueco y cámara de turbulencia. La selección de la boquilla dependerá del producto a aplicar, la cobertura, el volumen de aspersión, el tamaño de la gota, la concentración y dosis. Para una apropiada selección se debe consultar tanto las recomendaciones del fabricante del producto agroquímico, como del fabricante de las boquillas.

El adecuado funcionamiento del equipo de aplicación depende en gran medida del cuidado en la preparación y su operación. Para ello se deben poner en práctica las siguientes medidas:

Ajustes del equipo

Precalibración:

a) Revisar que el equipo trabaje adecuadamente, que suministre suficiente presión y flujo, y que no tenga fugas ni taponaduras en mangueras o boquillas;
b) Que se pueda avanzar por el cultivo a una velocidad normal de trabajo;

c) Que el producto quede colocado con buena cobertura en el lugar donde se desea.

Determinar el Gasto por hectárea

Durante la aplicación:

Revisión del equipo: que el equipo se encuentre completo, en buen estado y bien montado. La bomba del equipo debe estar bien instalada y trabajar adecuadamente, sin ruidos anormales.

Posición del aguilón y sus boquillas. Cuando se emplee el equipo montado en el tractor, todas las boquillas deben de estar a la misma distancia una de otra en el aguilón, ser del mismo gasto y ángulo de aspersión; y estar con la misma dirección respecto al aguilón, aproximadamente con un ángulo de 10° respecto de éste. No deben de existir fugas de agua, ni chocar entre si la aspersión de las boquillas, tampoco deben impactarse las gotas con piezas del mismo equipo.

Ajuste de presión y gasto de boquillas. Se pone a funcionar la bomba y se asperja con todo el aguilón a la presión deseada, se revisa la aspersión de cada una de las boquillas, las boquillas tapadas se destapan y limpian los filtros, las boquillas dañadas se cambian.

Altura del aguilón. Determinar la altura del aguilón a la que debe trabajar el equipo de aspersión sin que provoque franjeados. Una vez determinada la altura, deberá operarse el equipo, y revisar si se está logrando un cubrimiento uniforme sobre el terreno; no deben de existir franjas o zonas con mayor o menor concentración de gotas, corregir de ser necesario.

Limpieza del equipo: Una vez concluida la tarea, todas las partes del equipo deben limpiarse y revisarse cuidadosamente. La limpieza garantiza una operación eficiente y prolonga la vida útil del equipo y sus partes. Especial cuidado debe tenerse en las boquillas para evitar taponaduras, los filtros se deben limpiar y sustituir según las recomendaciones del fabricante.

Capítulo 14

EQUIPO PARA LA COSECHA

LAS ACTIVIDADES DE COSECHA TIENEN dos áreas de atención divididas en: Cosechas de grano (cereal y leguminosas) para alimentación humana, y cosecha de pasto (leguminosa forrajera y gramíneas) para alimentación del ganado. Las hay como máquinas cosechadoras remolcadas, requieren de la potencia de un tractor para su movilidad, y como máquinas cosechadoras autopropulsadas, que están equipadas con su propio motor de combustión interna. Dentro de la línea de cosecha de pasto esta también una línea de cosechadoras remolcadas y una línea de cosechadoras autopropulsadas. Las que se describen según la línea dentro de la cual realizan su trabajo y son:

En la línea de cosecha para forraje o alimentación del ganado están primer lugar las segadoras. Estas cosechadoras de forraje destinadas al manejo de productos para alimentación del ganado tuvieron su aparición tardía ya que su empleo se da a principios del siglo XX, que es cuando se comienza a desarrollar el interés por una ganadería tecnificada y productiva, sin separarla de la agricultura. Las cosechadoras de forraje constan básicamente de:

Segadoras. Las cuales se desarrollan para cortar el pasto a fin de que conserve al máximo su valor nutricional, en cultivos tales como las leguminosas (alfalfa, trébol, soya), que a diferencia de las gramíneas y zacate nativo son menos exigentes en corte y manejo. Se deberán cortar tratando de conservar la mayor parte de las hojas y los tallos puesto que es en estas partes de la planta donde se encuentra la calidad nutritiva y la palatabilidad y aceptación del ganado.

La mayoría de maquinas segadoras son por lo general muy similares en construcción, montaje y manejo, donde la energía empleada para su operación proviene de la toma de fuerza del tractor agrícola. El eje toma de fuerza en los tractores agrícolas se presenta con dos velocidades de operación; una, la más antigua, opera a 540 revoluciones por minuto y la otra a 1 000 revoluciones por minuto. Tratándose de equipo forrajero la velocidad con que debe operarse la toma de fuerza es de capital importancia, porque la eficiencia de corte en el zacate es directamente proporcional a las revoluciones por minuto de operación.

Maquinas henificadoras. Las maquinas empleadas para manejo y acondicionamiento del heno son el tipo de equipo que una vez cortadas las plantas de leguminosa por la segadoras y dejadas sobre el suelo, esas plantas se recolectan y someten a un proceso de curación que consiste en abrir y quebrar los tallos, con el fin de propiciar una rápida perdida de humedad por evaporación. El machucamiento realizado por la maquina acondicionadora acelera considerablemente la curación de la pastura ya que, según pruebas de campo, el heno para ser almacenado requiere de 15 a 20 horas de luz solar. Sin embargo cuando el heno se le ha dado un acondicionamiento previo en el campo solamente necesita de 8 a 10 hr de sol en promedio, lo cual evita que la cosecha sufra daños a causa del tiempo. Entonces, el acondicionamiento tiene ventajas tales como: conservar las vitaminas y carotina contenidas en las hojas; se conserva además el color natural; es más apetecible y sabroso al ganado; también es blando y libre de tallos duros que pueda lastimar la boca de los rumiantes.

Rastrillos de entrega lateral. En tanto que la segadora y la acondicionadora tiene la función de cortar, mullir y acondicionar el pasto, el rastrillo de entrega lateral se encarga de levantar y formar una hilera suelta y blanda a fin de proteger las hojas de los rayos del sol y conservar así su color verde. Una vez cortado y acondicionado en hileras, el pasto queda listo para el proceso de empacado o hacinarlo en el cobertizo usado como depósito de forrajes.

De optarse por el empacado de la pastura, entones se puede seleccionar algún tipo de maquina empacadora de las existentes en el mercado. Las primeras maquinas empleadas en el empacado de forraje fueron estacionarias y de capacidad muy limitada ya que eran operadas por medio de la polea y la banda plana que disponían los tractores de la época, además que dependían de la habilidad y rapidez de los peones encargados de atar las pacas una vez prensadas. Luego al desarrollarse la toma de fuerza en los tractores agrícolas más grandes y potentes evoluciona también la máquina para el empacado de forraje remolcada; maquina de la que se puede optar por el cordel o el alambre para atar las pacas.

Las maquinas empacadoras al ir desplazándose por el campo, levantan las hileras de heno sirviéndose de los dedos recolectores y lo introducen al interior de la caja empacadora, ahí se comprime la carga de heno mediante un embolo en porciones uniformes hasta que la carga alcanza un peso de alrededor de los 35 kilos y comienza el proceso de atadura. Una vez terminado el proceso de empaque se libera la paca y comienza el ciclo para la siguiente paca y así sucesivamente hasta terminar un campo.

Más que en algún otro tipo de equipo forrajero, en la empacadora es donde las revoluciones por minuto al que gira el eje toma la fuerza son de capital importancia, puesto que los requerimientos de velocidad de trabajo son de 540 o 1 000 RPM (revoluciones por minuto), por lo que el régimen de aceleración en el motor deberá fijarse prácticamente a plena abertura de acelerador para que pueda alcanzar las revoluciones requeridas por el eje toma de fuerza y la maquina empacadora ya que, de no lograrlo, se tendrán problemas con la firmeza de empacado y con el atado del cordel o el alambre.

Ahora bien, si la cosecha se destina al ensilado y no al henificado entonces este nuevo proceso requiere de otro tipo de maquinas a fin de cumplir con esa clase de trabajo. Son de dos tipos: una es la remolcada por el tractor y la otra autopropulsada, y ambas pueden configurarse en la forma de aditamento de corte y recolección para plantas leguminosas sembradas como cultivo denso o de cobertera, y/o con cabezal para gramíneas (maíz o sorgo) sembrados como cultivo en hileras.

Aun cuando las cosechadoras de forraje son maquina de fácil manejo y operación, sin embargo deben observarse reglas básicas para obtener el mejor desempeño en campo. Por ejemplo, tanto el recolector flotante, la barra segadora y el cabezal para hileras, se ajustan de tal forma que la parte baja de la maquina apenas toque la superficie del suelo a fin de que flote y no se arrastre sobre la tierra, puesto que de no ser así la maquina tendera a enterrarse cuando gire en las cabeceras del campo. Luego, la operación continua de la cosechadora de forraje desgasta el filo de las cuchillas, tanto las cuchillas radiales como la cuchilla estacionaria. La mayoría de cuchillas estacionarias cuentan con cuatro bordes afilados, que para mayor duración se disponen de forma reversible. Por lo que las inspecciones realizadas de forma regular sea de importancia a fin de verificar tanto la alineación de las cuchillas como su filo, y realizar los ajustes compensadores del sistema de corte y el apriete de las tuercas y tornillos así como la lubricación completa de toda la maquina cada ocho horas de trabajo.

COSECHADORAS COMBINADAS.

La otra línea de cosechadoras se refiere a las maquinas destinadas a cosechar granos de consumo humano, principalmente. Al igual que en las cosechadoras de forraje, los equipos pueden ser: remolcado por un tractor, y equipo autopropulsado. En general, el equipo remolcado es de tamaño y capacidad reducida, en tanto que las maquinas autopropulsadas son más grandes y de mayor potencia, por lo que las cosechadoras de tamaño reducido y baja potencia son para uso en predios chicos donde las cosechas de grano son reducidas o en parcelas de investigación donde se evalúen sistemas de labranza mecanizada.

Las cosechadoras combinadas: tienen su origen en la cosechadora estacionaria primero y luego en la cosechadora remolcada; son maquinas autopropulsadas mucho muy grandes, de ahí que mas que emplear el término de "tamaño de la cosechadora" lo adecuado es referirse a la capacidad de procesamiento de la maquina cosechadora. En la capacidad de una cosechadora combinada se incluyen términos tales como: potencia del motor de combustión interna, el ancho y largo del separador, el tipo de cilindro trillador, el tamaño de la mesa de corte o del cabezal para maíz, y la capacidad de almacenamiento del tanque para granos.

La potencia que desarrollan los motores de combustión interna en las cosechadoras combinadas es muy variable, puesto que puede ser desde los 55 hasta los 300 caballos de potencia (HP). Los tamaños del separador, en cuanto a tamaño y ancho; este puede situarse desde los 60 hasta los 150 cm de ancho y 2,65 a los 4,35 metros de largo. Los cilindros trilladores pueden variar en diámetro que van desde los 38 hasta los 56 cm. Por último; la plataforma o mesa de corte que se emplea para cosechar cultivos densos o de cobertera puede tener variaciones que van desde un ancho de corte de 2,4 hasta los 7,5 metros. En tanto que los cabezales para maíz, su ancho de corte se da desde dos hasta las 12 hileras de plantas.

Como se ha visto, las maquinas cosechadoras combinadas son en esencia complicadas ya que realizan funciones de corte y de alimentación; también de trillado y separación del grano y paja; y la limpieza y manejo del grano cosechado, ya sea a granel en la tolva de la propia maquina o mediante el método de encostalado. Y todo esas funciones se desarrollan por las cosechadoras combinadas al interior de la misma máquina.

Figura 23 Cosechadora combinada con mesa de corte para grano chico

Para comprender mejor las funciones mencionadas se explicará cada proceso con mayor detalle en los siguientes párrafos:

Unidad de corte y alimentación. La unidad de corte y alimentación del material se localiza al frente de la maquina cosechadora, es la primera de una serie de unidades cuyo funcionamiento esta interrelacionado con las demás unidades, de tal forma que a la primera unidad le corresponde cortar parte del tallo de la planta con las espigas, las vainas, las panojas, o las mazorcas y enviarlo al separador.

El separador, está compuesto por: molinete; barra de corte; alimentador y sin fin en la mesa de corte; o puntas juntadoras y rodillos despojadores en el cabezal para maíz.

La sección trilladora, considerada como el corazón de la cosechadora, ahí se sacude el grano para separarlo de: la cascara, en el caso del arroz; de las espigas, en el caso del trigo, la cebada, el alpiste o el sorgo; y del olote en el caso del maíz. Para efectuar el trabajo de trilla en las cosechadoras se dispone de: cilindro de barra y cóncavo, cilindro de diente rígido y cóncavo, cilindro de barra de ángulo y cóncavo. El cilindro de barra de ángulo y cóncavo se emplea en el beneficio de las semillas pequeñas como el trébol y la alfalfa. Es importante señalar que deberá ser más del 90% de grano separado de la cascara, las hojas y de la paja durante la trilla, de no ser así el trabajo desarrollado por la cosechadora sería totalmente deficiente. La velocidad de operación en revoluciones por minuto de los cilindros trilladores es, por lo general, de las 400 a las 1 200 RPM.

La acción separadora del material cosechado es decir entre la semilla y la paja, se realiza por el batidor. Se localiza en un punto ubicado directamente detrás y poco arriba del cilindro trillador; y le corresponde la limpieza del restante 10 % de material que no fue separado por el cilindro trillador. También le corresponde la función de hacer más lento el paso del material proveniente tanto del cilindro como del cóncavo, desviarlo hacia la parte delantera de la saca paja; de forma tal que se avienta tanto hacia arriba como hacia atrás hasta que llega a la boca de descarga de la cosechadora.

Precedida de la operación de trilla y separación del grano de la paja, da inicio la labor de limpieza del grano realizada mediante un ventilador que gira a una velocidad de entre las 250 y 1 000 RPM. Luego del procedimiento inicial de limpieza entra una segunda unidad que se encarga de terminar el trabajo, está compuesta de un zarandon y una zaranda. Ambas son movidas hacia atrás y hacia adelante mediante una biela que está sujeta a los colgantes que soportan el zarandon y la zaranda.

Finalmente, el grano cosechado que ha sido trillado, separado de la paja y limpiado a hecho un recorrido que inicio en la mesa de corte o el cabezal hasta los cilindros trilladores, el batidor, el saca paja, la unidad de limpieza, el zarandon y la zaranda finalizando en el tanque de granos de la maquina cosechadora combinada, o la encostaladora, y de ahí hasta un carro remolque o un camión para el traslado del producto a la bodega.

Todo el proceso, desde la planeación; la selección de métodos; de técnicas en el manejo del suelo; la siembra; la fertilización; el control de malezas, insectos y enfermedades; concluyendo en la cosecha, es un complicado y largo camino. Sin embargo, la cosecha no estará completa sin la observación de ciertas reglas muy básicas. La primera se refiere al mejor momento para iniciar el trabajo de cosecha; los criterios pueden ser: desde quien prefiere hacerlo antes de que el cultivo llegue a la madurez total, previendo la llegada de un mal tiempo (lluvias, granizadas o nevadas), eventos que pueden dañar seriamente el producto a cosechar. O de quien opta por realizar la cosecha en el punto adecuado de madurez, ya que se tiene menos grano quebrado y perdidas de producto. Cualquiera que sea la preferencia sobre la mejor fecha para cosechar, la mejor regla es que se debe empezar el trabajo de cosecha cuando el contenido de humedad, tanto en la semilla como en la parte de la planta que la contiene, ha llegado a un punto aceptable. ¿Pero cuál puede ser ese punto aceptable y que además funcione en todas las plantas?. En el Maíz, por ejemplo, en este cultivo se obtendrá el más alto rendimiento de grano cuando el contenido de humedad se encuentre entre el 20 y el 30 %, en caso de que el contenido de humedad sea más alto se tendrán perdidas por grano machacado así como granos chicos que aun no han llenado suficiente. Los costos del cultivo tenderán a incrementarse por el gasto en el secado para que se almacene con el 13 a 14 % de humedad, por lo que se tendrá que reducir aproximadamente del 20 al 22% de humedad mediante método artificial, lo cual implica un gasto de dinero. En el caso de una cosecha tardía, las perdidas se originan por: la tendencia que tienen las plantas de enredarse más a medida que maduran; por acamarse; por el peso reducido cuando están muy secas; porque la máquina cosechadora tiende a quebrar los granos; además la maquina tiende a sacudirlas en exceso por que el cabezal no puede manejarlas adecuadamente y tira mas grano del aceptable.

La regla siguiente se refiere a la capacidad de campo de la maquina cosechadora combinada. La capacidad efectiva de las cosechadoras se estima es de un 75% promedio de eficiencia de operación, el desempeño se ha medido a través de muchos experimentos y años, los registros obtenidos muestran un índice bajo del 63 % y de un 81% como índice alto. El restante 25% es por las perdidas debidas a ineficiencias debido a: el llenado de combustible al inicio de la jornada de trabajo; el engrasado diario que es requisito del mantenimiento; los ajustes diarios necesarios para el adecuado funcionamiento de la maquina; los tiempos perdidos por las vueltas en las cabeceras del campo; descongestionar los sistemas de alimentación y de limpieza por acumulación del material cosechado; y solucionar las fallas en los componentes mecánicos de la cosechadora. Además, esto puede variar debido a: la conformación y tamaño del terreno; parcelas muy grandes o muy chicas; de forma simétrica o irregular, de pendiente moderada o alta; ajustes oportunos a la maquina; realización del mantenimiento preventivo de manera regular; y fundamental de la destreza, habilidad y responsabilidad del operador hacia el desarrollo de su trabajo.

En cuanto a la capacidad efectiva de campo, es decir, la eficiencia de cosecha, debe cumplir con dos parámetros de medida: ancho de la mesa de corte o de cabezal, y velocidad de avance de la maquina. Por ejemplo; con una mesa cuyo ancho de corte sea de 4,90 metros y una velocidad de avance de la máquina de 5,3 kilómetros por hora, se tiene una eficiencia de campo de 2,6 hectáreas por hora.

= >4,9 m X 5,3 km / 10= 2,597 o = a 2,6 ha / h

El cálculo de la velocidad de avance, como uno de los factores determinantes de la eficiencia de campo, se mide con un sencillo procedimiento que implica un factor, determinado por los 1000 metros de un kilometro y los 60 minutos de una hora, este es el factor de cálculo de la velocidad aplicable al trabajo de campo que se desea conocer;

1 000 / 60 = 16,66 =>

y se utiliza de la manera siguiente:

Se miden 16,66 metros en una parte apropiada del campo, utilizando ambos extremos de una cuerda (o cadena) fijados a balizas. A continuación se hace transitar la maquina cosechadora entre las dos balizas a la velocidad que se ha determinado emplear en el trabajo de cosecha, velocidad que abra de mantenerse durante todo el tiempo. Mediante un cronometro se mide el tiempo que tarda la maquina cosechadora en recorrer la distancia de 16,66 metros entre las balizas, la secuencia de cálculo es como sigue:

Considérese que en tres recorridos realizados por la maquina cosechadora se obtuvo una media de 12 segundos; entonces la velocidad de avance resultante es de cinco kilómetros por hora

$$=> 60 / 12 = 5 \text{ km hora.}$$

Otro factor de atención es el estado mecánico de la cosechadora, puesto que en una maquina donde el mantenimiento preventivo sea deficiente tendrá altos costos de operación debido a las descomposturas que le sucedan durante la época del trabajo. Por lo tanto, se deberá revisar minuciosamente con el fin de detectar a tiempo fallas potenciales que pongan en riesgo su operación y así evitar los costos generados por las reparaciones de emergencia. Los componentes con mayor riesgo de fallas están:

La mesa de corte para grano chico y el cabezal para maíz: en las guardas de las cuchillas dobladas, rotas, o faltantes; los componentes de la barra de corte rotos o gastados, así como los remaches y las guías de la cuchilla; las tablas del molinete rotas ; las varillas del molinete dobladas, faltantes o rotas; las correas gastadas y resecas así como las cadenas gastadas y flojas; la varilla del sinfín faltante, doblada o rota; los cojinetes picados, gastados y flojos; tornillería en general faltante o floja. Con respecto al cabezal para el maíz, las fallas se dan en: las puntas recogedoras golpeadas, defectuosas y gastadas; las cadenas recogedoras flojas, gastadas o rotas; las placas en las despojadoras gastadas o mal ajustadas; las placas de tallos y los rodillos gastados, rotos o mal ajustados; las cuchillas y escudos para el control de hojarasca doblados o gastados; la cadena para el transportador del alimentador gastada, doblada, o desajustada; las cadenas de mando gastadas, o flojas; los cojinetes picados, gastados, o flojos; tornillería floja, faltante o rota.

En el separador los problemas se dan primero en la sección trilladora por: encontrarse las barras del cilindro y del cóncavo gastadas o dobladas; tener tierra seca pegada en los rincones del cilindro y del cóncavo; por malos ajustes y alineación deficiente, tanto en el cilindro como en el cóncavo; por cadenas o correas de transmisión de fuerza mal ajustadas, quemadas o con desgaste. En seguida se encuentran los problemas que pueden presentar la sección del separador: Saca paja en mal estado por desgaste, rotura o doblado; la cortina del saca paja rota, o que no la tenga instalada; las correas de transmisión de fuerza quemadas, flojas o gastadas. Luego los problemas del área de limpieza de grano por: aspas del ventilador, el zarandon y la zaranda, doblados, golpeados o mal ajustados; brazos de los colgantes en la zapata golpeados, doblados, o sueltos. Por último el área que es la encargada de manejar el grano limpio: cadenas que se encargan de transmitir la fuerza hacia los elevadores flojas, gastadas, o con faltantes en algunas de las paletas; los sinfines (generalmente 4) golpeados, doblados o rotos; algún resto de tierra seca acumulado tanto en los elevadores como en el tanque de almacenamiento del grano cosechado.

A continuación trataremos sobre dos de los ajustes básicos previo al trabajo de campo con la cosechadora combinada. Los rangos adecuados en la velocidad del separador y los ajustes recomendados para obtener el mejor desempeño de la maquina. Una vez que se toma en consideración que las cosechadoras son maquinas complejas en sus sistemas de operación, entonces es imperativo consultar el respectivo manual del operador que acompaña a cada máquina.

En todo el proceso de recolección hasta la entrega del grano limpio, la velocidad del separador representa un punto inicial clave, ya que cada fabricante de este tipo de maquina las diseña para que opere a una velocidad particular sin que para ello intervenga el tipo de cosecha que se ha de recolectar. Por lo tanto, la verificación de velocidad del separador deberá hacerse en los puntos que cada fabricante tiene señalados, pero en general suelen ser: a) el eje transversal del batidor del cilindro, o el contra eje primario. En el entendido que, la velocidad recomendada por el fabricante para la operación del separador, no deberá modificarse ya que al hacerlo la maquina funcionara deficientemente. Por ejemplo, si la velocidad del separador es más lenta que la recomendada, se propiciara atascamiento de material cosechado y perdidas de grano. Caso contrario, de operarse el separador en un rango más alto de velocidad, se provoca que el material cosechado ingrese con excesiva rapidez, lo que causará perdidas de grano y, además, fatiga y desgaste prematuro en los componentes de la maquina.

Es importante enfatizar sobre la consulta del manual del fabricante, sin embargo y a fin de cumplir con la recomendación básica obligada para los cultivos mas sembrados en nuestro país, se anotan en seguida los cultivos y los ajustes:

CUADRO 3. CULTIVOS Y AJUSTES
(Los ajustes son en centímetros)

CULTIVO	RPM del Cilindro	Ajuste del Cóncavo	Ajuste del zarandon	Ajuste de la Zaranda
MAÍZ	de 400 a 900	De2,54 a 3,81	De1,11 a 1,59	De 1,27 a 1,59
SORGO	de 750 a 850	De 0,32 a 1,27	De 0,95 a 1,59	De 0,63 A 1,27
TRIGO	de 750 a 1200	De 0,32 a 1,27	De 1,59 a 1,90	De 0,32 a 0,63
FRIJOL	de 250 a 700	De 1,27 a 2,54	De 1,27 a 1,90	De 0,95 a 1,27
SOYA (frijol)	de 450 a 850	De 0,95 a 2,54	De1,27 a 1,90	De 0,95 a 1,27
GIRASOL	de 375 a 600	De 1,27 a 3,81	De 1,27 a 1,90	De 1,27 a 1,59

Luego de realizar los ajustes sugeridos, se deberá verificar en el campo las condiciones de la cosecha para detectar las pérdidas de grano y en qué parte ocurren, esto con la finalidad de realizar nuevos ajustes de ser necesario. Por lo que es importante determinar con precisión la verdadera causa u origen de las pérdidas de grano en el proceso de cosecha. Las pérdidas se pueden originar en algunos de los sistemas de las maquinas o en el campo.

Es decir, en el cabezal: en la unidad trilladora; en la saca paja; la zapata de limpieza; las que ocurren por fugas; y las previas a la cosecha. Las perdidas en la plataforma se presentan: cuando la maquina está mal ajustada, se detecta por la presencia de espigas y grano que ha sido dejada por la barra de corte, por el grano que queda tirado en el suelo como consecuencia del trabajo de la cuchilla; por la velocidad excesiva, que por lo general puede deberse al operar el molinete, una velocidad lenta en la operación del molinete ocasiona pérdidas del grano; por una altura, generalmente reducida, del molinete, lo cual ocasiona que muchas de las espigas al ser golpeadas por las tablas del molinete antes de entrar a la mesa de corte, derramen tanto espigas como grano golpeado. Por la acción del molinete. Por una velocidad muy rápida en el avance de la cosechadora, ocasionando que se deje grano tirado en el suelo. Las perdidas en la unidad trilladora, generalmente son a causa del grano que no ha sido trillado y es arrastrado por la zaca paja. Luego también por el grano quebrado como resultado de una acción trilladora agresiva o, así mismo por la sobrecarga de material de retorno. En tanto que las pérdidas registradas en los saca paja por lo regular se deben a una sobrecarga de material de cosecha que se está acumulando, también por una velocidad en el cilindro más lenta que la recomendada y/o una abertura demasiada ancha en el cóncavo cuando la maquina cosechadora mantiene un índice alto de velocidad de traslado en el campo. Por último, cuando el grano es arrastrado hacia afuera de la maquina cosechadora por estar mezclado con el excedente de material cosechado, lo que impide que caiga a través de los zaca paja en su tránsito hacia la zapata de limpieza.

Por lo que respecta a las pérdidas originadas en la zapata de limpieza, generalmente se presentan cuando existe aire en demasía debido a la alta velocidad del ventilador, ocasionando que el grano y la paja vuelen sobre la zapata de limpieza y hacia afuera de la maquina a través de su boca posterior. Otra causa puede deberse a una trilla agresiva con gran cantidad de material cosechado que se acumula en el zarandon, lo que dificulta el paso de grano hacia la zaranda debido a que el aire del ventilador pierde su capacidad de soplar la paja fuera del zarandon, así que el grano, la paja y hojarasca al estar revueltos se expulsan por la boca posterior. Por último, los ajustes inadecuados en las zapata de limpieza, impiden el libre tránsito del grano debido a las aberturas estrechas, entonces el grano se desvía ya sea hacia la parte trasera de la cosechadora encima del zarandon, o mandado de nuevo junto con material de retorno hacia el cilindro y ser retrillado provocando además grano quebrado.

Capítulo 15

POTENCIA Y RENDIMIENTO DE MAQUINAS AGRÍCOLAS

TODAS LAS MAQUINAS EMPLEADAS EN las labores agrícolas son susceptibles de someterse a procesos de evaluación para conocer con exactitud la potencia que, de acuerdo a su diseño, son capaces de proporcionar a nivel de campo. También, de su capacidad de campo durante su desempeño cuando realizan su trabajo. De tal manera que sin importar que máquina sea sometida a evaluación, siempre se dispondrá de una forma precisa de medir su desempeño, es decir, evaluar su comportamiento. Para tal fin, de manera práctica, se consideran a 3 como los parámetros de medición principales: la potencia desarrollada por los motores de combustión interna, sean estos de aspiración natural o turbos cargados. El ancho de trabajo que es desarrollado por una herramienta de labranza, es decir, el ancho total de corte disponible tanto para: un arado, una rastra, una sembradora, una niveladora, e inclusive, una cosechadora, sea esta con cabezal para maíz, con mesa de corte para grano chico, o forrajera. Finalmente, la velocidad de avance con que se desplaza el equipo sobre el campo de cultivo, velocidad que está dada en kilómetros por hora.

La fórmula para operar y determinar la eficiencia de campo referido a la evaluación es como sigue:

Potencia (Hp) ancho de corte (m) / velocidad (Km por hora) = Capacidad Efectiva de Campo (CEC)

La capacidad efectiva de campo desarrollada por todas las maquinas agrícolas es directamente proporcional a la potencia que desarrollan los motores de combustión interna con que son equipados. Por lo tanto reviste capital importancia conocer y dominar los factores involucrados en los índices de potencia del motor de combustión interna. Sin embargo, el llevar a la practica el procedimiento descrito implica conocer una metodología de cálculo más elaborada, pero nada fuera de lo común si se dispone de una buena calculadora, una cinta métrica y un cronometro. Además de la disposición para tomar los datos de campo y verificarlos tantas veces como sea necesario; para lo cual se requiere manejar una serie de formulas básicas y traer a la mano la consabida libreta de campo y el bolígrafo. El cómo es de lo que tratara este capítulo.

ALTURA ACELERACIÓN Y TEMPERATURA.

En principio, es necesario repasar los conceptos básicos de la física y la mecánica que tratan del traslado que es realizado por un cuerpo, la velocidad, la aceleración, la energía, el calor, la temperatura y la presión atmosférica. Lo cual nos lleva a la pregunta ¿Que es la física como ciencia en relación a la mecanización agrícola? Bueno, puesto que implícito en el termino de mecanización hay una relación directa con maquinas, entonces debemos partir del conocimiento de las leyes puntuales de la física y de la mecánica. Las ciencias físicas hablan de la manera en que se comporta y está compuesta la materia, de la forma en que interactúa dentro de un nivel básico. De tal manera que su ámbito de competencia es la realidad física como tal; es decir, tratar solamente aquello que sea factible de medirse, usando para tal fin instrumentos. Entonces pues, la física encuentra su territorio de acción en campos que van desde el diminuto núcleo atómico hasta el inmenso universo. De ahí que las áreas como la ingeniería, la astronomía, la geología, y la química se fundamenten para su comprensión y desarrollo en la física. Otros campos de conocimiento como la medicina, la biología y la fisiología, se encuentran también apoyadas por muchos de los conceptos de la ciencia física. Partamos entonces del término "concepto científico" donde este es cualquier conocimiento verdadero sobre cualquier porción del universo, verificado completa o parcialmente y cuyo fin es el análisis de los fenómenos que se presentan cotidianamente en la naturaleza. Veamos el siguiente ejemplo. la noción de espacio, como concepto general es una idea o imagen mental que tenemos para comprender lo que nos rodea, pero como concepto científico, representa un algo que puede ser medido y definido concretamente en función de las mediciones que se le hagan. En ciencias físicas son de uso regular términos y conceptos tales como;

masa, longitud, tiempo, aceleración, fuerza, energía, temperatura y carga eléctrica. De ahí que la medición de una cantidad física esta condicionada al procedimiento que se emplea para medirla.

Por ejemplo, el termómetro es el adecuado para medir la temperatura, el amperímetro para medir la carga eléctrica. Pero al principio, en la época pre-científica, los conocimientos en las culturas primitivas se transmitían de boca en boca, cuando el hombre invento la escritura entonces el conocimiento se pudo atesorar y transmitirse cuanto fuera necesario. Entonces los hombres dependían de sus sentidos e interpretación aguda de cuanto sucedía a su alrededor. Al evolucionar el pensamiento humano, evolucionaron también sus ideas acerca del mundo en que vivían, del mundo que les rodeaba, del mundo arriba de sus cabezas. Así surgen los primeros conceptos empíricos. Por ejemplo, las estaciones del año y la mejor época para sembrar y cosechar. Pero eso no era suficiente para algunos hombres de mente aguda e inquisitiva. Así se preguntaron entonces ¿porqué las plantas sin sol no nacen bien?, ¿porqué el sol aparece de un lado y desaparece por el otro lado?. Surgen entonces las primeras teorías acerca del mundo. Una que prevalecería por cientos de años fue la teoría geocéntrica. En ella se pensaba entonces que todo el universo giraba en torno a la tierra. Que nuestro mundo era el que definía el día y la noche, las estrellas giraban en torno a nosotros. Tendrían que pasar siglos hasta que otros hombres con visión aguda, muchas preguntas en su mente, idearon modos para develar misterios del universo como el día y la noche, las estaciones y los cambios de clima, etc. A esos hombres se deben los primeros instrumentos científicos. Antes de ello la medida o como se media era a través de la percepción humana mediante sus sentidos. El frio o el calor era según lo percibieran las personas. Así el primer "instrumento" fue el propio cuerpo humano. Y entonces, culturas como la sumeria, intentaron mantener registros escritos de sus observaciones, utilizaron para ello los números. Al paso de los siglos y en otras culturas se desarrollarían más instrumentos como el telescopio y de los números se pasaría a "formulas" donde se buscaba relacionar los registros con otras observaciones, por ejemplo, las épocas de lluvia, de calor, el frío, etc. Luego vendría la formulación de hipótesis, un paso natural para las mentes agudas puesto que, además de su natural inquietud, ahora disponían de registros numéricos de eventos, de situaciones y entonces podían conjeturar acerca de las causas de aquellos fenómenos observados, de su relación con la vida cotidiana, de las consecuencias si las cosas no sucedían como hasta entonces, o si el hombre no las hacia según se sabía. Así se constituyen los principios de los fenómenos.

Transcurriría otros siglos y el campo de conocimientos del hombre aumentaría en torno a su comprensión y entendimiento de los fenómenos naturales y de sus causas, ahora se aventuraba a la especulación y su mente inquisitiva lo llevaría a reflexionar con mayor agudeza y a teorizar sobre la naturaleza, pero aun quedaba encontrar la explicación de esos fenómenos. Es hasta los siglos muy recientes que aquel conocimiento básico científico se transforma de todo un campo de conocimientos donde se encuentran contenidos fenómenos, principios, leyes y postulados. Pero además de una gama amplia de instrumentos para medir los fenómenos, sus manifestaciones o sus consecuencias. La física ahora agrupa conceptos, leyes y principios en relación, por ejemplo, con la masa, la carga, la energía y de su manifestación, el trabajo, a través de una longitud y del tiempo. Ahora sabemos que la teoría geocéntrica estaba equivocada. Y por ciencia entendemos al conjunto de conocimientos estructurados sistemáticamente. Y ese conocimiento se obtiene mediante la observación de patrones regulares, de razonamientos y de experimentación en ámbitos específicos, a partir de los cuales se generan preguntas, se construyen hipótesis, se deducen principios y se elaboran leyes generales y sistemas organizados por medio de un método científico.

En la parte de la física que abordaremos en este capítulo nos referiremos a magnitudes dimensionales que para su correcta utilización deben ser planteadas en 3 unidades básicas que son: la masa, la longitud y el tiempo según el SI.

El Sistema Internacional de Unidades (SI), consta de siete unidades básicas que expresan magnitudes físicas, a partir de ellas se derivan las demás. Las tres unidades que habremos de referirnos aquí son: el metro (m) para la longitud; el segundo (s) para el tiempo; y el kilogramo (kg), para la masa, esta es la única unidad que no se basa en un fenómeno físico fundamental sino que se define como "la masa del prototipo internacional del kilogramo". Así mismo se tienen otras unidades consideradas como derivadas, utilizadas para expresar magnitudes físicas que son resultado de combinar magnitudes físicas básicas y aquí nos referiremos a: el kelvin (K) para la temperatura termodinámica; para la intensidad de la corriente eléctrica, el amperio (A); y para la intensidad luminosa, la candela (cd). Las unidades o valores estándar ya anotados tienen como fin el de distinguir la relación entre las diferentes magnitudes físicas y estar en posibilidad de comparar y operacionalizar mediciones apropiadamente.

Respecto a la masa cuyo unidad es el kilogramo (kg), en principio se definió como la masa contenida en un litro de agua a una temperatura de cuatro grados celsius, sin embargo, por la dificultad que representaba conseguir agua pura y además se encontraba implicada otra unidad que era la temperatura entonces fue substituida por la masa de un cilindro de platino iridio que se encuentra a resguardo en el Buro Internacional de Pesas y Medidas en Francia (1ª y 3ª CGPM, 1889 y 1901). En México se tiene el Prototipo Nacional de Masa No. 21, conservado en el CENAM. Bajo este estándar, es posible medir la masa con la precisión de 1 en 10^8

La dimensión tiempo dado en segundos(s), estuvo definido como 1/84,600 del día solar medio. Sin embargo, dado que la progresiva disminución del computo de rotación de la tierra asociado a las variaciones con la estación y las oscilaciones al azar, se tomo como valor la media de un año, eligiéndose para tal fin el año de 1900. Pero se encontró que este era un estándar muy difícil de reproducir. Y es en el año de 1967 (13ª CGPM) cuando nuevamente se llega a la definición del segundo en base a la radiación que los átomos de cesio 133 emiten; donde en un segundo exactamente emite 9,162,631,770 vibraciones. De tal modo que es tan preciso el reloj atómico de cesio, que este alcanza una exactitud de 1 s en 30 000 años.

En cuanto al metro (m) como unidad de longitud, en siglo XVIII se definió como la diezmillonésima parte de la distancia existente entre el polo norte y el ecuador. Luego, un poco antes del año 1960, nuevamente se determina que es la distancia considerada entre dos marcas extremadamente finas en una barra con aleación de platino iridio que se encuentra bajo estado de conservación controlada en Francia. Pero presenta dos impedimentos. Uno, no obstante que la mayoría de países industrializados tenían copia de dicha barra, les era más útil poder llegar a disponer de un estándar que les fuera fácil reproducir en un bien equipado laboratorio. Segundo, el ancho establecido en las marcas de referencia llego a convertirse en un elemento restrictivo. Así las cosas, una nueva definición del metro estándar, en el año de 1960, fue especificado como, 1'650,763.73 de las ondas de luz anaranjada que emite el criptón 86. Una vez que se pudo disponer de técnicas más avanzadas gracias al desarrollo del rayo láser, fue definido nuevamente en el año de 1983 (17ª CGPM), como la distancia que recorre la luz en el vacío en un lapso de 1/299 792 458 s.

Ahora bien, en muchos países se continúa usando aun el sistema ingles de medida, en el cual las unidades base son: para designar la fuerza se emplea la libra (lb), para designar la longitud es el pie (ft), y el tiempo es designado por el segundo(s). Sin embargo, en la actualidad las expresiones científicas emplean como lenguaje las unidades del sistema internacional (SI).

Las unidades derivadas en las tres magnitudes que nos interesan son: para la unidad de velocidad es m/s y para la aceleración se tiene el m/s^2; en tanto que para densidad (representada como masa por unidad de volumen) es el kg/m^3 y el kilogramo (kg) multiplicado por el metro sobre segundo al cuadrado ($kg \times m/s^2$) corresponde a la unidad de fuerza, la cual es igual al arreglo conocido como newton (n). Ahora bien, cuando se trabaja con unidades del sistema internacional SI o del sistema ingles, ya sea en el laboratorio o en campo, a menudo se requiere de realizar alguna conversión entre una cantidad física de uno de los sistemas al otro sistema, entonces se debe recurrir al uso de factores de conversión, ya sea a través de la manipulación de razones o mediante alguna de las tablas de factores que los manuales de ingeniería incluyen; no obstante, se tendrá el cuidado suficiente (cuando el procedimiento se realiza por manipulación de ecuaciones) de no juntar un sistema con el otro.

A fin de ilustrar el procedimiento de manipulación matemática para la conversión de razones emplearemos una de las ecuaciones básicas descrita en uno de los textos de física consultados.

Para ello, supóngase que se tiene que convertir 5 millas por hora en metros por segundo. Por definición una milla equivale a 1.6 kilómetros por hora, por lo tanto:

5 millas X 1.6 kilómetros X 1 000 metros X 1/ 1 X 1 X 1 X 3 600 segundos, se tiene un resultado de2,2 metros por segundo.

A continuación hemos de revisar un tema relacionado con las potencias de diez y la cifra significativa con fines de cálculo. Supóngase que llegado un momento en la práctica se requiere realizar la comparación dimensional entre una partícula y un núcleo, para la primera en el orden de 0.0000000002 m y para el segundo de 0.000000000000005 m. Como se puede observar claramente la cuenta de números contenidos en cada uno de los valores anotados es difícil, por lo que es necesario tener una manera más práctica y eficaz para representar apropiadamente esas cantidades, sobre todo cuando representamos cantidades decimales. Entonces es conveniente emplear para tal fin las potencias base diez. De esa forma el tamaño de la partícula quedaría como $2 \text{ X } 10^{10}$ m, en tanto que para el núcleo quedaría representado como $5 \text{ X } 10^{15}$ m.

Ahora bien, cuando se trabaja con valores numéricos (no cualitativos), en las mediciones, siempre se encontraran algún grado de inexactitud. Por ejemplo, el resultado que se obtiene en una medida como 17,6 mt e incertidumbre del uno por ciento. Entonces, tenemos que el valor real deberá estar entre el 17,7 y 17,4, puesto que el uno por ciento de 17,6 es 0,76, (restando o adicionando este valor a la medida). Las mediciones no pueden realizarse con una exactitud absoluta y como los cálculos tienen tendencia a producir resultados que consisten en largas filas de números, se debe tener cuidado de citar el resultado final. La confiabilidad de una medida está relacionada con el número de cifras significativas que se emplean para escribirla. Cuando se hacen mediciones los valores medidos estrictamente se conocen tan solo dentro de los límites de la incertidumbre experimental. El valor de esta incertidumbre depende de factores tales como la clase de exactitud del instrumento de medición, la habilidad del experimentador y el número de mediciones efectuadas.

En una medición el número de dígitos indica los valores con los cuales el experimentador se encuentra razonablemente seguro. A esos números se le denomina "cifras significativas". En otras palabras las cifras significativas de una medida son todas aquellas que pueden leerse directamente del aparato de medición utilizado, lo que quiere decir que no van más allá de la resolución del instrumento. Y las cifras significativas de un número son aquellas que tienen un significado real y, por tanto, aportan alguna información.

La presentación del resultado numérico de una medida directa, tiene poco valor si no se conoce algo de la exactitud de dicha medida. Una de las mejores maneras de trabajar consiste en realizar más de una medida y proceder con el tratamiento estadístico de los datos para establecer así un resultado con un buen límite de confianza. El procedimiento seguido en el registro de medidas experimentales debe ir por este camino, con un tratamiento estadístico que genere un límite de confianza superior al 90%, aunque lo más normal es que éste sea del 68%, correspondiente a la desviación estándar absoluta.

La comunidad científica mundial ha convenido una serie de reglas aplicadas a la representación numérica de datos experimentales y a la manera de manejarlos dentro de las operaciones matemáticas. Enseguida mostraremos las reglas para los números significativos. Esto tiene el propósito de que el futuro ingeniero maneje apropiadamente el lenguaje numérico en la ciencia y contar con los criterios para representar apropiadamente los resultados experimentales.

Supongamos que medimos la longitud de una mesa con una regla graduada en milímetros. El resultado se puede expresar como:

$$\text{Longitud (L)} = 85{,}2 \text{ cm}$$

Aunque no es la única manera de expresar el resultado, pues también puede ser:

$$L = 0{,}852 \text{ m}$$

L = 8,52 dm

L = 852 mm

De cualquiera de las maneras como se exprese el resultado este tiene tres cifras significativas, que son los dígitos considerados como ciertos en la medida. Cumplen con la definición pues tienen un significado real y aportan información.

L = 0,8520 m

Este resultado no tiene sentido ya que el instrumento de medición que hemos utilizado no tiene la resolución para las diezmilésimas de metro.

Ahora bien y continuando con el ejemplo, el número que expresa la cantidad en la medida tiene tres cifras significativas. Pero, de esas tres cifras sabemos que dos son verdaderas y una es incierta, la que aparece subrayada a continuación:

$$L = 0{,}85\underline{2}\ \text{m}$$

Esto se debe a que el instrumento empleado para la medición no es perfecto y la última cifra que puede apreciar es incierta. En general se suele considerar que la incertidumbre es la cantidad más pequeña que se puede medir con ese instrumento. La incertidumbre de la última cifra también se manifiesta si realizamos una misma medida con dos instrumentos diferentes, en el ejemplo dos reglas milimétricas. Aun siendo del mismo fabricante y del mismo tipo no hay dos reglas iguales y cada instrumento puede aportar una medida diferente.

Como hemos visto, la última cifra de la medida del ejemplo es significativa pero incierta, la forma apropiada de indicarlo (asumiendo por ahora que la incertidumbre es de ±1 mm), es

$$L = 0{,}852 \pm 0{,}001\ \text{m}$$

Sin embargo lo más normal es omitir el término ± *0,001* y asumir que la última cifra de un número siempre es incierta si éste está expresado con todas sus cifras significativas. Es el llamado **convenio de cifras significativas** que asume que *"cuando un número se expresa con sus cifras significativas, la última cifra es siempre incierta".*

Reglas para establecer las cifras significativas de un número dado

Norma	**Ejemplo**
Son significativos todos los dígitos distintos de cero.	**8723** tiene **cuatro** cifras significativas
Los ceros situados entre dos cifras significativas son significativos.	**105** tiene **tres** cifras significativas
Los ceros a la izquierda de la primera cifra significativa no lo son.	**0,005** tiene **un**a cifra significativa
Para números mayores que 1, los ceros a la derecha de la coma son significativos.	**8,00** tiene **tres** cifras significativas
Para números sin coma decimal, los ceros posteriores a la última cifra distinta de cero pueden o no considerarse significativos. Así, para el número 70 podríamos considerar una o dos cifras significativas. Esta ambigüedad se evita utilizando la notación científica.	**7 10^2** tiene **una** cifra significativa **7,0 10^2** tiene **dos** cifras significativas

Cifras significativas en cálculos numéricos.

Cuando se realizan cálculos aritméticos con dos o más números se debe tener cuidado a la hora de expresar el resultado ya que es necesario conocer el número de dígitos significativos del mismo para no ganar o perder incertidumbre. Para ello es apropiado seguir algunas sencillas reglas cuya aplicación intenta cumplir con esta condición, aunque no siempre se consiga.

Cifras significativas en sumas y diferencias

En una suma o una resta el número de dígitos del resultado viene marcado por la posición del menor dígito común de todos los números que se suman o se restan.

Entonces, en una adición o una sustracción el número de cifras significativas de los números que se suman o se restan no es el criterio para establecer el número de cifras significativas del resultado.

Ejemplos:

(a) $4,3 + 0,030 + 7,31 = 11,64 \cong 11,6$
(b) $34,6 + 17,8 + 15 = 67,4 \cong 67$
(c) $34,6 + 17,8 + 15,7 \cong 68,1$

En los ejemplos *(a)* y *(c)* el menor dígito común a los sumandos son los décimos (primer decimal), entonces el resultado debe expresarse hasta dicho decimal. En el ejemplo *(b)* el menor dígito común a los tres sumandos es la unidad, por tanto el resultado debe expresarse hasta la unidad.

Cifras significativas en productos y cocientes

En un producto o una división el resultado debe redondearse de manera que contenga el mismo número de dígitos significativos que el número de origen que posea menor número de dígitos significativos.

A diferencia de la suma o la resta, en la multiplicación o la división el número de dígitos significativos de las cantidades que intervienen en la operación sí es el criterio a la hora de determinar el número de dígitos significativos del resultado.

Ejemplos:

(a) $q = 24 \times 4,52/100,0 = 1,0848 \cong 1,1$
(b) $q = 24 \times 4,02/100,0 = 0,9648 \cong 0,96$
(c) $q = 3,14159 \times 0,252 \times 2,352 = 0,4618141\ldots \cong 0,46$

En los tres ejemplos expuestos el menor número de cifras significativas de los diferentes factores que intervienen en las operaciones es dos: específicamente del número 24 en los ejemplos *(a)* y *(b)* y del número 0,25 en el ejemplo *(c)*. Así que los resultados se deben redondear a dos cifras significativas.

Redondeo de números

La aplicación práctica de las reglas anteriores ha requerido del redondeo de números para ofrecer el resultado con el número de cifras significativas estipulado. El proceso simple de cortar un número por un dígito determinado sin tener en cuenta los dígitos que le siguen (sin redondear) se denomina *truncamiento.* Por ejemplo, truncar el número π a la diezmilésima sería: 3,1415927… → 3,1415. Es decir, en el proceso de redondeo se eliminan los dígitos no significativos de un número, pero siguiendo unas reglas que se deben aplicar al primero de los dígitos que se desea eliminar.

Si el primer dígito que se va a eliminar es inferior a 5, dicho dígito y los que le siguen se eliminan y el número que queda se deja como está

Los números siguientes se han redondeado a 4 cifras significativas:

$\sqrt{2}= 1{,}4142136... \rightarrow 1{,}414\underline{2136}... \rightarrow 1{,}414$
$\sqrt{6}= 2{,}4494897... \rightarrow 2{,}449\underline{4897}... \rightarrow 2{,}449$

Si el primer dígito que se va a eliminar es superior a 5, o si es 5 seguido de dígitos diferentes de cero, dicho dígito y todos los que le siguen se eliminan y se aumenta en una unidad el número que quede

Los siguientes números se han redondeado a cuatro cifras significativas:

$\Pi= 3{,}1415927... \rightarrow 3{,}141\underline{5927}... \rightarrow 3{,}142$
$\sqrt{7}= 2{,}6457513... \rightarrow 2{,}645\underline{7513}... \rightarrow 2{,}646$

Si el primer dígito que se va a eliminar es 5 y todos los dígitos que le siguen son ceros, dicho dígito se elimina y el número que se va a conservar se deja como está si es par o aumenta en una unidad si es impar

Los siguientes números se han redondeado a cuatro cifras significativas:

$61{,}555 \rightarrow 61{,}55\underline{5} \rightarrow 61{,}56$
$2{,}0925 \rightarrow 2{,}092\underline{5} \rightarrow 2{,}092$

Esta última regla elimina la tendencia a redondear siempre en un sentido determinado el punto medio que hay entre dos extremos. Hay que señalar que cuando se establece la función de redondeo en una calculadora normalmente no aplica esta regla. Es decir, si un número cumple la condición dada, la calculadora aumentará en una unidad el último dígito del número que quede de eliminar las cifras no significativas (es decir, la calculadora aplica en este caso la regla inmediata anterior)

Veamos ahora algunos aspectos sobre el análisis dimensional.

El análisis dimensional es una herramienta conceptual para ganar comprensión de fenómenos que involucran una combinación de diferentes cantidades físicas en forma de variables independientes. Permite cambiar el conjunto original de parámetros de entrada dimensionales de un problema físico por otro conjunto de parámetros de entrada adimensionales más reducido. Estos parámetros adimensionales se obtienen mediante combinaciones adecuadas de los parámetros dimensionales y no son únicos, aunque sí lo es el número mínimo necesario para estudiar cada sistema.

Cuando se describen magnitudes mecánicas, el conjunto de magnitudes que se utilice puede ser arbitrario; sin embargo existen dos tipos de sistemas de magnitudes, los consistentes y los no consistentes. Se dirá que un sistema de magnitudes es consistente si las magnitudes que lo define verifican la siguiente propiedad:

$$[F] = [M][A]$$

donde los corchetes indican la magnitud. Para que un sistema pueda ser utilizado en la mecánica, este debe ser consistente. Los conceptos de unidad y magnitud están relacionados pero no son lo mismo: en efecto, en la observación de fenómenos, cada cantidad física Rj, tendrá asociada unidades {Rj} (que indicaremos entre corchetes) que representan cantidades de referencia de una magnitud, aceptadas por convención. Así un kilogramo (kg) corresponde a una cantidad de masa estándar y patrón o una pulgada (in) se corresponde con una longitud patrón que puede representarse por 2, 54 centímetros (cm), otra unidad patrón en otro sistema de unidades.

Los sistemas de magnitudes se representan por símbolos. Por ejemplo, [MLTΘ] representan respectivamente masa, longitud, tiempo y temperatura. Así, siguiendo el ejemplo, la velocidad tiene asociada la magnitud [V]; sin embargo, considerando el sistema [M,L,T,Θ] es posible escribir que [V]=[L]/[T], resultando que hay algunas magnitudes derivadas de otras, mediante una combinación de aquellos símbolos elevados a alguna potencia.

Para reducir un problema dimensional a otro adimensional con menos parámetros, se siguen los siguientes pasos generales:

1. Contar el número de variables dimensionales n.
2. Contar el número de unidades básicas (longitud, tiempo, masa, temperatura, etc.) m
3. Determinar el número de grupos adimensionales. El número de grupos o números adimensionales (Π) es n - m.
4. Hacer que cada número Π dependa de n - m variables fijas y que cada uno dependa además de una de las $n - m$ variables restantes (se recomienda que las variables fijas sean una del fluido o medio, una geométrica y otra cinemática; ello para asegurar que los números adimensionales hallados tengan en cuenta todos los datos del problema).
5. Cada Π se pone como un producto de las variables que lo determinan elevadas cada una a una potencia desconocida. Para garantizar adimensionalidad deben hallarse todos los valores de los exponentes tal que se cancelen todas las dimensiones implicadas.
6. El número Π que contenga la variable que se desea determinar se pone como función de los demás números adimensionales.
7. En caso de trabajar con un modelo a escala, éste debe tener todos sus números adimensionales iguales a las del prototipo para asegurar similitud.

Un ejemplo de Análisis dimensional

Calculemos mediante Análisis Dimensional la velocidad de un cuerpo en caída libre. Sabemos que dicha velocidad dependerá de la altura y de la gravedad. Pero imaginemos que también se nos ocurre decir que la velocidad depende de la masa. Una de las bondades del Análisis Dimensional es que es "autocorregible", es decir, el procedimiento auto elimina las unidades que no son necesarias.

- Identificar las magnitudes de las variables:

$[v] = m/s = LT^{-1}$
$[g] = m/s^2 = LT^{-2}$
$[h] = m = L$
$[m] = kg = M$

- Formar la matriz

$$\begin{matrix} & \begin{bmatrix} [h] & [g] & [v] & [m] \end{bmatrix} \\ \begin{bmatrix} \mathbf{M} \\ \mathbf{L} \\ \mathbf{T} \end{bmatrix} & \begin{bmatrix} 0 & 0 & 0 & 1 \\ 1 & 1 & 1 & 0 \\ 0 & -2 & -1 & 0 \end{bmatrix} \end{matrix}$$

- Hacer el producto de matrices:

$$\begin{bmatrix} 0 & 0 & 0 & 1 \\ 1 & 1 & 1 & 0 \\ 0 & -2 & -1 & 0 \end{bmatrix} \begin{bmatrix} \in_h \\ \in_g \\ \in_v \\ \in_m \end{bmatrix} = \begin{bmatrix} 0 \\ 0 \\ 0 \end{bmatrix}$$

- Desarrollar el producto de matrices y resolver el sistema de ecuaciones.

Se forma un sistema de ecuaciones. Observe que son 4 incógnitas, y sólo 3 ecuaciones, así que para que el sistema pueda ser resuelto, es necesario tantas incógnitas como ecuaciones. Se toma un ε_k cualquiera y le asignamos el valor que queramos, a excepción del 0. En este caso, vamos a tomar ε_v como 1.

$$\begin{cases} \in_m & = 0 \\ \in_h + \in_g + \in_v & = 0 \\ -2_{\in_g} - \in_v & = 0 \end{cases} \rightarrow \begin{cases} \in_m & = 0 \\ \in_h + \in_g & = -\in_v & = -1 \\ -2_{\in_g} & = \in_v & = 1 \end{cases}$$

Si se aplica la solución inicial propuesto ($\varepsilon_v = 1$), se realizan los cálculos y se llega a las soluciones:

ε_h
ε_g
ε_v
ε_m

- Formar el(los) grupos Π

Un grupo Π es una ecuación adimensional. ¿Cuántos grupos Π se obtendran? Si *m* es el número de unidades (las unidades son el metro, el kilo, el segundo, el grado, etc.), y *h* el rango máximo de la matriz que contiene los coeficientes de las magnitudes de las unidades, el número de grupos Π (o ecuaciones a obtener) será *m* - *h*. En el ejemplo visto 4 – 3 = 1 ecuación.

Ahora se toman las unidades del problema y se elevan a los exponentes obtenidos. Esa es la ecuación.

$$\Pi = h^{-1/2} g^{-1/2} v^1 m^0 = \frac{v}{\sqrt{gh}}$$

Observe que es adimensional. Aquí obtenemos aquello que mencionamos "autocorrección": el exponente de la masa es 0, así que desaparece de la ecuación, demostrando que la caída libre no depende de la masa del objeto en cuestión.

- Paso final: obtención de la ecuación.

$$v = k\sqrt{gh}$$

con k valiendo $\sqrt{2}$, lo que da la fórmula correcta:

$$v = \sqrt{2gh}$$

Sistemas de Coordenadas

En muchas ocasiones nos enfrentamos a la necesidad de establecer un sistema de representación para ubicar adecuadamente un sujeto de estudio, es decir, debemos encuadrarlo dentro de un marco referencial físicamente acotado, por ejemplo, en la superficie de una mesa, la superficie de la tierra o en la superficie de una parcela. Para que esa representación sea apropiada ubicamos el objeto con referencia a su posición dentro del espacio acotado mediante el empleo de coordenadas. De tal suerte que podemos decir con precisión la ubicación del objeto en la horizontal y en la vertical. El origen de coordenadas es el punto de referencia de un sistema de coordenadas. En este punto, el valor de todas las coordenadas del sistema es nulo. Pero en algunos no es necesario establecer nulas todas las coordenadas. Por ejemplo, en un sistema de coordenadas esféricas es suficiente con establecer el radio nulo ($\rho = 0$), no importando ya los valores de latitud y longitud. En un sistema de coordenadas cartesianas, el origen (0) es el punto en que los ejes del sistema se cortan. A dicho modo de representación espacial se le denomina como Sistema de Coordenadas. Utiliza uno o más números (coordenadas) para determinar unívocamente la posición de un punto o de otro objeto geométrico. El orden en que se escriben las coordenadas es significativo; también se las puede representar con letras, como por ejemplo "la coordenada-y". Permite formular los problemas geométricos de forma numérica.

Sistema de coordenadas cartesianas o rectangulares

En un espacio vectorial un sistema de coordenadas cartesianas se define por dos o tres ejes ortogonales igualmente escalados, ya sea sistema bidimensional o tridimensional (aunque también se pueden representar los sistemas *n*-dimensionales). El valor de cada una de las coordenadas de un punto es igual a la proyección ortogonal del vector de posición de dicho punto sobre un eje determinado: Cada uno de los ejes está definido por un vector de sentido y por el origen de coordenadas. Por ejemplo, el eje *x* está definido por el origen de coordenadas (*0*) y un vector unitario que se denota mediante un acento circunflejo (ˆ) .El valor de la coordenada *x* de un punto es igual a la proyección ortogonal del vector de posición de dicho punto sobre el eje *x*.

Sistema de coordenadas polares

El sistema de coordenadas polares es un sistema de coordenadas bidimensional en el cual cada punto o posición del plano se determina por un ángulo y una distancia. Cuando se habla de coordenadas polares, estas precisan tanto el largo de línea OP como el Angulo θ en razón al eje (+ x) o dirección de referencia.

Donde: x = r coseno θ ; + y = r seno θ; además, $r = \sqrt{x^2 y^2}$ y tan θ= y/x.

Infinidad de cantidades relacionadas con la ciencia física se identifican por un numero y por una unidad; en donde una masa puede determinarse como en 12 kg; una temperatura ambiente 23 °C; y un lapso de tiempo de 45 m. Se denomina escalar a los números reales, constantes o complejos que sirven para describir un fenómeno físico con magnitud, pero sin la característica vectorial de dirección. Ahora bien otro modo de representar las medidas físicas pero tanto su dimensión como la orientación se le define como vectores, por ejemplo, un móvil que se mueve desde el norte a una velocidad de 125 km/h. Una característica significativa de los vectores es que no se articulan en base a la norma del álgebra común. De hecho, la valoración vectorial se considera como una de las herramientas de mayor eficacia, puesto que a través de ella pueden ser formuladas múltiples leyes de la física de manera breve y transparente, toda vez que el número de ecuaciones que tengan que realizarse disminuye notablemente. De hecho, al ser expresada una ecuación siguiendo las reglas de la notación vectorial mantienen su estructura en caso de que se sustituya el sistema de coordenadas; de ahí que por esa característica particular que muestra el notable atributo que tiene el sistema de coordenadas puesto que no se supeditan a las leyes de la física.

Entonces pues, resumiendo: se le llama escalar a una cantidad plenamente definida en cuanto a un número y su respectiva unidad, la cual cuenta con magnitud pero no cuenta con dirección, en consecuencia los escalares responden al modelo del álgebra común. En cambio, a los vectores se les ve como una cantidad definida tanto por su magnitud como por su dirección en el espacio, así que los vectores a diferencia de los escalares, responden al modelo del álgebra vectorial. De ahí que; tanto los vectores como los escalares vienen a ser en esencia magnitudes matemáticas que obedecen a reglas definidas, entonces cualquier cantidad física puede conducirse como vector o como escalar.

Todo cuanto existe en el universo, desde el átomo hasta la infinidad de cuerpos celestes, se manifiestan en constante movimiento. Algunas veces ese movimiento será ordenado, armónico, o bien, caótico, irregular o una combinación de todos ellos. Entonces, si deseamos tener una percepción del desempeño de la naturaleza es necesario comprender el movimiento y disponer de los elementos para medirlo. La cinemática es una rama de la física que estudia las leyes del movimiento (cambios de posición) de los cuerpos, sin tomar en cuenta las causas (fuerzas) que lo producen y se concreta al estudio de la trayectoria en función del tiempo. La aceleración es el ritmo con que cambia la rapidez (módulo de la velocidad). La rapidez y la aceleración son los dos principales parámetros que describen el cambio de posición de un cuerpo en función del tiempo. La ciencia que describe el movimiento usando ecuaciones se llama cinemática. Y describe el movimiento de los objetos utilizando palabras, diagramas, números, gráficas y ecuaciones. La cinemática se le dice a menudo como la geometría aplicada, donde se describe el movimiento de un sistema mecánico usando las transformaciones rígidas de la geometría euclidiana.

Para estudiar el movimiento nos valemos de los sistemas de coordenadas, que expusimos en párrafos anteriores, bien sea para observar los límites de la trayectoria o para analizar el efecto geométrico de la aceleración que afecta al movimiento. Por ejemplo, si estudiamos el movimiento de un objeto a lo largo de un aro circular, la coordenada más útil sería el ángulo trazado sobre el aro. Pero para describir el movimiento de un objeto sometido a la acción de una fuerza, las coordenadas polares serían las más útiles. En la gran mayoría de los casos, el estudio cinemático se hace sobre un sistema de coordenadas cartesianas, usando una, dos o tres dimensiones, según la trayectoria seguida por el cuerpo. A partir de estos conocimientos se han desarrollado una amplia gama de dispositivos para registrar el movimiento: radares, basados en el efecto Doppler; los dinamómetros, basado en la frecuencia de rotación de una rueda y que nos proporciona como resultado la velocidad; los podómetros para los caminantes o deportistas, basado en las vibraciones características del caminar, permite calcular la distancia recorrida y la velocidad; cámaras de video específicamente diseñadas para el análisis de movimiento, usualmente graban a alta velocidad para que se pueda reproducir el movimiento a una velocidad menor de como ocurrió y efectuar su análisis.

La cinemática estudia tres tipos de movimiento: el rectilíneo, que puede ser uniforme o uniformemente acelerado; el armónico simple u oscilatorio; y el circular, que puede ser circular uniforme, o uniformemente acelerado. Cabe aclarar que también se estudia otro movimiento, el parabólico, este movimiento es la combinación de dos movimientos rectilíneos distintos uno horizontal de velocidad constante y otro vertical uniformemente acelerado con la aceleración gravitatoria y que resulta en una trayectoria parabólica.

Supóngase entonces que se pretende poner a estudio movimiento y traslación de un automóvil a través de la extensión totalmente recta de una autopista. En cuyo caso se le puede asignar al automóvil el término de partícula, para darle a la autopista el termino de marco de referencia o el de paradigma de rapidez y movimiento. Así, la ubicación de la partícula en cuestión moviéndose en un eje unidimensional (la autopista) quedaría dentro del eje x que es un vector positivo. Por lo tanto, la partícula moviéndose de la ordenada xi a la coordenada xf su traslación se anota como:

$$\Delta \mathrm{x} = xi - xf$$

Luego, a partir del movimiento de dicha partícula, se tiene la rapidez de este moviendo, lo cual responde al término de rapidez promedio, siendo ello igual a la distancia entre el intervalo de tiempo:

Rapidez promedio= Trayecto de viaje / Lapso de tiempo.

Puesto que el término para el trayecto de viaje se da como rapidez promedio, entonces por tanto también es escalar positivo al cual no se asigna símbolo alguno. Sin embargo a fin de evitar confusiones con respecto a los términos aquí empleados, introducimos otro concepto, que se relaciona con la velocidad promedio de una partícula en un lapso finito de tiempo; que es igual al traslado entre el lapso de tiempo. Así:

Velocidad promedio = Traslado / Lapso de tiempo

En consecuencia, la velocidad promedio es un vector que responde únicamente al rumbo seguido por el traslado de la partícula y al lapso de tiempo trascurrido.

Generalmente existe la creencia de que las variaciones de velocidad se encuentran relacionadas únicamente con la aceleración, lo cual en parte así es, pero el concepto es mucho más amplio. Es el caso de un objeto lanzado, por ejemplo, un proyectil. En este caso, además el movimiento propio de la tierra afecta, tanto la trayectoria como la velocidad. El efecto de la rotación de la tierra se denomina como Efecto Coriolis. El proyectil tiene una velocidad con tres componentes: las dos que afectan al tiro parabólico, hacia el norte (o el sur) y hacia arriba, más una tercera componente perpendicular a las anteriores debida a que el proyectil, antes de salir, tiene una velocidad igual a la velocidad de rotación de la Tierra en el ecuador. Esta última componente de velocidad es la causante de la desviación observada pues si bien la velocidad angular de rotación de la Tierra es constante sobre toda su superficie, no lo es la velocidad lineal de rotación, que es máxima en el ecuador y nula en el centro de los polos. Así, el proyectil conforme avanza hacia el norte (o el sur), se mueve más rápido hacia el este que la superficie de la Tierra, por lo que se observa una desviación.

El calor está definido como la forma de energía que se transfiere entre diferentes cuerpos o diferentes zonas de un mismo cuerpo que se encuentran a distintas temperaturas, pero en termodinámica generalmente el término calor significa simplemente transferencia de energía. Este flujo de energía siempre ocurre desde el cuerpo de mayor temperatura hacia el cuerpo de menor temperatura, ocurriendo hasta que ambos cuerpos se encuentren en equilibrio térmico. Pero demás, que tenía la propiedad de ser almacenado por dichos cuerpos en mayor o menor cantidad, acorde a su tamaño y a la naturaleza en cada uno de ellos. Benjamin Thompson y James Prescott Joule establecieron que el trabajo podía convertirse en calor o en un incremento de la energía térmica determinando que, simplemente, era otra forma de la energía. Además se pudo llegar a captar el hecho, de que el calor se producía a un sin que tuviera presencia de alguna forma de combustible.

Dentro de la cotidianidad de la vida, por lo común no se llega a distinguir la diferencia que existe entre calor y temperatura pero cabe resaltar que, los cuerpos no tienen calor, sino energía térmica. La energía existe en varias formas. Entonces el calor es el proceso mediante el cual la energía se puede transferir de un sistema a otro como resultado de la diferencia de temperatura. Sin embargo, por el otro lado, en la dimensión de la temperatura interviene la proporción del valor promedio, ponderando la energía cinética que tienen las moléculas aisladas. Entonces pues, el calor almacenado en un cuerpo, depende en primer lugar de su masa, ya que a mayor masa mas partículas se encuentran en movimiento y más alta será la taza energética de todas ellas. Así mismo influye la mayor o menor velocidad con que las partículas se mueven, puesto que una partícula que oscile en el rango de baja frecuencia y amplitud, tendrá una taza menor de energía al ser comparada con otra que lo haga a mayor frecuencia y amplitud. Por lo tanto la temperatura representa una magnitud que muestra la aptitud que tienen los cuerpos para el intercambio calórico entre ellos. Entonces es una magnitud de cantidad y la temperatura en cambio es una magnitud de intensidad.

Partiendo de lo expuesto a lo largo de este capítulo, se esta ya en posibilidad de comprender y poder relacionar toda la gama de leyes, teorías y conceptos existentes dentro de las ciencias físicas que afectan el desempeño de los motores de combustión interna, y por ende, de las maquinas agrícolas en general.

Capitulo 16

RENDIMIENTO HIPOTÉTICO DEL TRACTOR AGRÍCOLA

LA FUENTE DE POTENCIA QUE mueve al tractor agrícola es el motor de combustión interna, el cual además es el principal integrante dentro de un conjunto de 5 sistemas básicos de operación que lo conforman, que son: **Unidad básica**, el motor de combustión interna; **Unidad secundaria**, el tren de transmisión; **Unidades auxiliares**, el hidráulico, la dirección; los frenos; las ruedas y/o los carriles. A su vez, para cada uno de los sistemas se tienen otros tantos mecanismos para el adecuado funcionamiento de cada uno y que sirven para su identificación según sea su principio de operación.

Por ejemplo: partiendo del motor de combustión interna: este puede ser de aspiración natural o en el modo de alimentación forzada a través de un sistema turbo-cargado, su desempeño muestra variaciones significativas entre cada uno de ellos. Pueden ser desde uno hasta los ocho cilindros, que incluyen así mismo otros tantos desplazamientos y por ende, diferentes caballajes de potencia. Aunque para el campo de México los tractores de más uso son los de 4 y 6 cilindros.

Enseguida se tiene el tren de transmisión, que puede ubicarse en mando mecánico; mando mixto que se compone de partes mecánicas y fuerzas hidráulicas; o de mando hidráulico totalmente. Esta integrado por el sistema de embrague o convertidor de torsión, (según sea la clase de mando dispuesto); la caja de cambios, que según el tipo de mando puede ser: mecánica, integrada con engranes, flechas y sincronizadores; o accionada por la fuerza hidráulica; el diferencial, compuesto por: la caja del sistema, la corona, los satélites y el piñón, así como alguna de las dos formas de bloqueo para las flechas laterales (mecánico o hidráulico); por último, se tienen los mandos finales o epicíclicos y el sistema de la toma de fuerza, el cual puede operarse en alguno de los dos rangos, de las 540 o 1 000 revoluciones por minuto en cada uno de los ejes (540 RPM con eje de 6 estrías y 1 000 RPM con eje de 21 estrías).

Para el sistema hidráulico se cuenta con dos fuerzas de operación. Una es la de centro abierto, que es la de funcionamiento más sencillo y por ende más barato pero menos eficiente. La otra es la forma de centro cerrado, desarrolla la operación en campo más eficiente bajo cualquiera que sea la condición de trabajo demandada, su funcionamiento es más complicado y mucho más caro.

Entonces, de acuerdo a lo expuesto, los motores de combustión interna como transformadores de energía están diseñados para operar bajo condiciones precisas e invariables con respecto a la temperatura (interna y externa) así como a la altura sobre el nivel del mar. En consecuencia, los fabricantes de motores de combustión interna estiman el rendimiento a nivel de laboratorio de todos sus motores (salvo especificación en contrario) a 735,6 mm de columna de mercurio (Hg), como presión barométrica básica, que representa más o menos 271,11 metros sobre el nivel del mar (msnm) y a una temperatura de 20 °C. En el proceso de diseño de un motor de combustión interna, además de los materiales de fabricación, se contempla: el diámetro y carrera de cilindro y embolo, que darán el desplazamiento total, ya sea en centímetros o en pulgadas cubicas. Con estos parámetros se calcula el rendimiento tanto en la potencia teórica, como de fricción y, la potencia efectiva desarrollada al volante de inercia del motor, que se mide con un freno de Prony o con un dinamómetro.

A partir de la potencia desarrollada en el volante de inercia del motor y ya instalado en el tractor o en la maquina cosechadora combinada, se deben realizar una serie de cálculos matemáticos para determinar la *potencia real esperada* a nivel de campo que será entregado por el tractor a la toma de fuerza o a la barra de tiro.

Por ejemplo, asumiendo que dentro del laboratorio de pruebas se determino una potencia neta al volante de inercia de 85 caballos (Hp) del motor. Se asume también que el motor equipa un tractor de tracción sencilla y componentes del tren de transmisión de accionamiento mecánico. Las condiciones de campo en las que deberá desempeñarse el tractor son:

Altura sobre el nivel del mar, 1 800 metros
Temperatura media durante las jornadas de trabajo de 29 °C

Para tal fin, la fórmula matemática de trabajo se ordena de la siguiente manera para iniciar con la secuencia de cálculo:

$$Hp\ (b)\ (273+20)\ /\ 735.6\ (273+t)$$

Donde:

Hp = Caballos de potencia al volante de inercia del motor
b = Columna de mercurio
t = Temperatura ambiente estimada para el lugar de trabajo
273 = Cero absoluto
735,6 = presión barométrica básica en mm de columna de mercurio

Del procesamiento del cálculo en acuerdo a la formula de trabajo, se obtienen los resultados siguientes.

Hp (b) (273 + 20) / 735,6 (273 + t) = >85 (612) (273 + 20) / 735,6 (273 + 29)= 68,61 Hp netos disponibles al volante de inercia.

A partir de la potencia al volante de inercia del motor se desarrollan otra serie de cálculos que van conduciendo, paso a paso, hasta que se muestra la *potencia neta disponible* en la toma de fuerza, primero, luego en la barra de tiro o enganche de 3 puntos del tractor. La altura sobre el nivel del mar en metros, requerida por la formula que se ha desarrollado para el trabajo de campo, se obtiene de la tabla barométrica mostrada en el cuadro siguiente:

CUADRO 4. Presión Barométrica (Hg) sobre el Nivel del Mar

COLUMNA DE MERCURIO (mm)	ALTURA SOBRE EL NIVEL DEL MAR (m)
760	0
742	200
724	400
716	500
707	600
690	800
674	1 000
658	1 200
642	1 400
635	1 500
627	1 600
612	1 800
598	2 000
554	2 500
512	3 000

Ahora bien, la secuencia de cálculo anterior, se realizo en base a un motor de combustión interna con aspiración natural, es decir, para aquellos motores que emplean medios propios para tomar el aire necesario de la atmosfera circundante y que se usaran luego durante el proceso de combustión. Pero, si es un motor que usa algún otro tipo de aspiración de aire, un turbo-cargador, por ejemplo. Entonces dicho motor tendrá un proceso de combustión más eficiente, que obedece al mayor volumen y peso, bajo presión, del aire inyectado por el turbo-cargador a los cilindros del motor, hasta llenarlo al 100 % de su capacidad. Esta condición no se da en la combustión interna de aspiración natural puesto que ese motor depende totalmente del peso del aire existente en relación a la altura sobre el nivel del mar donde se encuentre operando.

Ahora bien, el procedimiento de cálculo para determinar la potencia efectiva que es desarrollada por el motor turbo-cargado, es el mismo que el desarrollado en el caso del motor de aspiración natural, donde únicamente se modifican uno de los apartados de la formula, para quedar la secuencia de cálculo de manera siguiente:

Hp (b) (273 + 20) / 735,6(273 + *t*) = Potencia
Neta al Volante de Inercia del Motor

85 (735,6) (273+20) / 735,6 (273+29) = 82,46 Hp Netos
Disponibles al Volante de Inercia del Motor.

Observando el resultado para el mismo motor pero equipado con un turbo-cargador, se puede ver que existe una diferencia de 3% en pérdida de potencia, debido al aumento de temperatura existente a nivel de campo comparada con la del laboratorio de pruebas. Pero, en los resultados del motor de aspiración natural, la pérdida de potencia se eleva al 19 %. Lo que representa un caballaje de potencia perdido de: 2,54 Hp para el motor turbo-cargado y 16,39 Hp para el motor de aspiración natural.

Es indudable que el uso de turbo-cargadores en los motores de combustión interna que se instalan en los tractores agrícolas es un importante logro tecnológico. Pero también es cierto que no todos los motores se equipan con este dispositivo, la tendencia de los fabricantes de tractores agrícolas es la de instalarlo en tractores que desarrollan potencia arriba de los 100 Hp, dejando los motores de aspiración natural para los tractores con menos de esa potencia. Ello obedece a la economía de operación que representa el tractor de potencia reducida puesto que es un tractor de uso en labores livianas y de trabajo intermitente a lo largo del año. Por otro lado, los tractores de potencia mas alta y sostenida diseñados para labores de campo pesadas durante todo el año, son los que poseen la ventaja de ser turbo cargados puesto que sus altos costos de operación se compensan mediante una alta eficiencia desarrollada en el campo.

Otras pérdidas de potencia en el tractor agrícola.

Partiendo de la potencia en Hp que desarrolla el motor de combustión interna en el volante de inercia, se presentan otras perdidas localizadas a lo largo del tren de transmisión. Estas pérdidas se ubican en la toma de fuerza (TDF), y en la barra de tiro o en el enganche de tres puntos. Entonces, se tiene que más o menos en la toma de fuerza existe una pérdida de potencia del 15 %. Es decir, si se obtuvieron 68,61 Hp en el volante de inercia, menos 15 % se obtienen entonces 58,32 Hp en el eje de salida de la TDF.

Este 15 % de pérdida responde a la resistencia que oponen tanto el conjunto de engranes, como los ejes donde están montados, los cojinetes que los mantienen anclados en la carcasa de la caja de cambios, y la cantidad de aceite lubricante necesario para la operación de la propia caja.

Es preciso señalar que el 15 % puede llegar hasta casi un 25 % cuando en el tractor se disponen de una caja de cambios más sofisticada que la de flechas deslizables, como puede ser el caso de una caja de cambios sincro-engranados. La otra perdida se localiza en la barrera de tiro.

Partiendo de los 58,32 Hp estimados en el eje de la salida de la TDF, se tiene que menos 15 % resulta en 49,98 Hp estimados a la barra. La justificación de esta nueva pérdida de potencia en el otro 15 % obedece a la resistencia que presenta el tractor agrícola para moverse, es decir, para contrarrestar la inercia de su propio peso al desplazarse sobre la superficie del suelo durante su arranque inicial.

Ahora bien, en tanto el cálculo de potencia disponible en Hp al eje de salida de la toma de fuerza se obtiene de manera sencilla y directa, el cálculo para determinar la potencia a la barra de tiro es algo más elaborado. Puesto que se está planteando obtener una serie de potencias que están relacionadas directamente con la velocidad de avance sobre el suelo, partiendo de una potencia básica obtenida mediante una resta del 15% de la TDF a la barra de tiro.

Entonces pues, siguiendo los cálculos previamente obtenidos con el tractor de 85 Hp se tienen las siguientes potencias estimadas según las secuencias de cálculo: 68,61 Hp al volante de inercia, conforme a la altura sobre el nivel del mar y a la temperatura ambiente. 58,32 Hp al eje de salida de la TDF. Y 49,98 Hp a la barra de tiro.

Hasta esta etapa se ha estado trabajando con la unidad caballo de potencia (Hp), pero es necesario buscar una nueva unidad que nos permita abordar los temas que se relacionan con el movimiento, la aceleración, altura sobre el nivel del mar, gravedad terrestre, así como la temperatura ambiente y la resistencia que opone el suelo agrícola a cortarlo con una herramienta de labranza; esta unidad es el kiloWatt (kW).

Si bien es cierto que nos a ocupado varios capítulos el tema del tractor agrícola, también es cierto que por si solo no es de utilidad al ejecutar las labores del campo como: roturación de suelo, desterronado, surcado y siembra; la fertilización; la escarda; el control de plagas, malezas y enfermedades; así como el accionamiento de equipos forrajeros o de riego; ya que el diseño del tractor debe responder apropiadamente al acoplamiento y operación de herramientas de labranza o de maquinas forrajeras y de los requerimiento de la tarea a desempeñar.

Entonces pues, se deberá de conjugar la potencia del tractor con el trabajo a ejecutar. Por lo cual se deberá recurrir a factores de conversión y/o a constantes de multiplicación. Mediante uno de esos factores es como se convierten los caballos de potencia a kilowatt, quedando como:

$$Hp\ (0,746) = kW$$

Al desarrollar la formula se concatena trabajo, aceleración y velocidad, quedando en la forma siguiente:

> Potencia estima a la barra de tiro del tractor, 49,98 Hp por 0,746 (factor de conversión) = 37,28 kW a la barra de tiro.

El paso siguiente es el de seleccionar la velocidad promedio que debe relacionar al tractor agrícola con la labor a desempeñar. Por ejemplo, la aradura, es decir, roturar suelo con arado. Las condiciones de campo: tractor de tracción sencilla con 37,28 kW a la barra de tiro; velocidad de traslado estimada en 6,5 kilómetros por hora. Para lo cual la formula queda:

> 37,28(368) /6,5= 2 110,62 kilográmetros útiles disponibles en la barra de tiro del tractor para jalar el arado de discos en la labor de aradura.

En esta fórmula se ha introducido una constante de multiplicación, que surge debido a la necesidad de contar con una constante de fácil empleo en campo al momento de hacer algún cálculo de última hora. Su utilidad se evidencia cuando se calcula la potencia desarrollada por el tractor agrícola a la barra de tiro y concatenarla con la resistencia del suelo al momento de ser roturado con una herramienta de labranza. Además de facilitar los cálculos de potencia y resistencia sin tener la necesidad de recurrir con frecuencia a la aplicación de regla de 3 simple o compuesta. La constante de multiplicación es, la asociación del valor de la aceleración por gravedad en metro segundo al cuadrado y los segundos contenidos en una hora de tiempo.

Por lo tanto 3 600/ 9 780,39 = 368

Es importante enfatizar el hecho de que los procedimientos y formulas para desarrollar cálculos a nivel de campo se ha ideado y probado durante varios años en la práctica de la agronomía y la investigación. Todo ello con el propósito de hacer más fácil y eficiente la programación, el uso y la evaluación de las maquinas y herramientas que intervienen en la producción de granos y forrajes.

CUADRO 5. ACELERACIÓN POR GRAVEDAD A NIVEL DEL MAR Y A DIVERSAS LATITUDES

GRADOS LATITUD	ACELERACIÓN m/s²
0	9.780 39
10	9.780 78
20	9.786 41
30	9.793 29
40	9.801 71
45	9.806 60
50	9.810 71
60	9.818 18
70	9.826 08
80	9.830 59
90	9.832 17

Las Velocidades de Avance en el Tractor Agrícola.

El tractor agrícola, a diferencia de otros vehículos; automóviles, camionetas, tracto camiones, autobuses y camiones; no cuenta en su panel de instrumentos con un velocímetro o un contador de recorrido; puesto que lo que usualmente se registra son las horas de funcionamiento del motor. La razón práctica es porque este tipo de vehículos debe realizar su trabajo bajo condiciones atípicas: baja velocidad, condiciones del terreno variables en extremo, pendientes, humedad o sequedad, tierra suelta o compactada, por lo que sería difícil medir con cierta precisión tanto velocidad como distancia recorrida. Tomando en cuenta la disposición y las características de operación de los instrumentos de medición convencionales.

Es por eso que el tablero de instrumentos del tractor cuenta con una placa mediante la cual se dispone la posición de la palanca de cambio de engranes en la transmisión de fuerza del tractor. Con ella y al extrapolar datos, dependiendo de las revoluciones a que gira el motor, obtendremos las velocidades de avance estimadas, ya sea en kilómetros por hora o en millas por hora. Estas estimaciones se determinan mediante las revoluciones por minuto a que gira el motor así como el tamaño de neumáticos de tracción, controlados y operando en una pista de rodamiento compactada (concreto, cemento, o asfalto) Pero, la velocidad así registrada, se ha obtenido bajo condiciones de laboratorio de pruebas.

Así entonces, es difícil medir con algún tipo de instrumento incorporado al tractor la velocidad real desarrollada por este en las condiciones prevalecientes dentro del campo de labranza, ya que la velocidad se encontrara siempre determinada por la cantidad de patinaje que experimenten las ruedas de tracción en relación a la condición de la superficie del suelo. A fin de subsanar el problema que se tiene en los tractores agrícolas debido a la ausencia de velocímetro, se recurre al cálculo matemático para encontrar la fórmula útil que permitiera determinar la velocidad de avance de tractor en el campo de labranza.

En el mercado especializado de instrumentos de medición existen equipos (por ejemplo:sensores electrónicos, sistemas computarizados, sensores vinculados a sistemas GPS) de fácil aplicación que nos permiten realizar mediciones, como la velocidad de avance del tractor en el campo; ya que esta se debe determinar puesto que la estimación de la capacidad efectiva desarrollada en las labores y la eficiencia y economía en el uso de la maquinaria agrícola depende directamente de ello. En años muy recientes este concepto ha cobrado un auge cada vez mayor y hoy día se le conoce como agricultura de precisión.

El método para la medición de las velocidades de avance en el terreno por el tractor agrícola consta de dos puntos de apoyo. El primero es una cadena de alambre galvanizado con eslabón de 5/16"(7,938 mm), y una longitud de 16,66 metros, adicionalmente dos tubos de hierro o de aluminio con un largo de 1,5 metros cada uno, en ellos se sujeta a sus extremos, mediante abrazaderas, las puntas de la cadena. El segundo punto es una sencilla formula, en la cual se incluyen los mil metros de un kilómetro y los sesenta segundos del minuto tiempo.

Los 16,66 metros de longitud que tiene la cadena representan otra de las constantes de multiplicación, que suple, de manera económica, aquellos equipos electrónicos de medición que se consiguen en el mercado especializado. La formula es básicamente la división de 1 000 metros (1 kilómetro) entre los 60 segundos (1 minuto), lo que resulta en: 1 000 / 60 = 16,66

Y el procedimiento para la verificación de la velocidad de avance del tractor en el campo es como sigue.

Se selecciona un lugar dentro del campo bajo labranza donde se moverá el tractor, lugar que deberá estar situado cuando menos a unos 50 metros de la cabecera más cercana y perpendicular a la dirección de trabajo que sigue el tractor en su recorrido. En el lugar seleccionado se introduce cada una de las puntas de los 2 tubos, con la cadena sujeta, procurando enterrarlos a profundidad suficiente para que se mantengan firmes durante el proceso de medición. La medición se realizara con el auxilio de un cronometro y una calculadora, además de la libreta de campo en donde registraremos los tiempo y las velocidades desarrolladas. Con el tractor moviéndose a velocidad sostenida se inicia a tomar mediciones de cada una de las vueltas dadas por el tractor con el implemento acoplado, como mínimo y para obtener una velocidad media confiable deben ser 6.

El procedimiento se realiza con dos personas, una de ellas actúa como banderero y la segunda persona como cronometrista. Se sitúan frente a cada uno de los tubos que sostienen la cadena de 16,66 m de longitud. La medición inicia cuando, a señal del banderero, el centro del eje delantero del tractor pasa por el primer tubo y acaba al pasar ese mismo eje por el segundo tubo. Se registran los segundos transcurridos en el transito y se procede a tomar las subsecuente mediciones.

De tal manera que al realizar la sumatoria y correspondiente división se obtiene una media, por ejemplo, 7,48 segundos, en cuyo caso la velocidad real de campo desarrollada por el tractor es de 8,02 kilómetros por hora.

La formula mediante la cual se determina la velocidad de avance dentro del campo de labranza (tractor o cosechadora combinada) es:

$$t / v = s$$

Donde: t = tiempo v = velocidad s = desplazamiento = > para el ejemplo es:

60 / 7,48 =8,0213 kilómetros por hora en el desplazamiento del tractor.

La parte fundamental del procedimiento de cálculo para determinar la velocidad a que se desplaza un móvil dentro de un campo de labranza es la longitud de la cadena, 16.66 m, medida cuyo resultado se obtuvo por la división de 1 000 (del kilómetro) como cociente de los 60 segundos de 1 minuto de tiempo. Lo cual dio como resultado 1 000 / 60 = 16,66 m.

Capitulo 17

EL SUELO AGRÍCOLA

EN ESTE CAPÍTULO HABREMOS DE hacer un repaso sobre los suelos agrícolas enfocándolo en su relación con las tareas de mecanización en términos de la potencia necesaria para operar el equipo. Lo cual significa que las condiciones de los suelos agrícolas y la producción de cosechas dependen del clima; la radiación solar; la calidad de la semilla; la fertilidad; las malezas, los insectos y enfermedades. El manejo del suelo y de los demás factores mencionados (excepto el clima y la radiación solar) son la parte básica del concepto amplio del campo de las maquinas agrícolas.

Entonces pues, en consideración a la importancia del factor suelo en la producción, no solo de las cosechas de grano y forraje si no, además, de la producción de carne y leche, es justificado la revisión somera del suelo agrícola. Para ello se deberá tomar en cuenta tanto su color, textura, estructura, contenido de nutrimentos y el grado de acidez existente en la parte mas superficial, partiendo de la superficie, hasta los 15-20 centímetros de profundidad, es decir, el espesor de la capa arable.

El Color

El color es cambiante en los diferentes horizontes del perfil, por lo que mostrara ciertos valores con respecto al contenido existente de materia orgánica. Por ejemplo, en los suelos obscuros el contenido de materia orgánica es por lo general alto; sin embargo, este color puede obedecer también a otro factor relacionado a dicho color como es el origen de la roca madre y no por su origen orgánico. La presencia de alto contenido de materia orgánica siempre tenderá a mostrar la superficie de un color pardo obscuro o negro aun cuando exista la presencia de la roca madre que se manifestará en colores que van del gris al rojo o al amarillo. Ahora bien, existiendo humedad en el suelo los colores siempre se mostraran más fuertes, expresivos y consistentes, lo cual diferirá en el mismo orden en que se empieza a secar, ya que ese suelo empezara a verse más claro. Lo cual se acentuara en la medida en que la textura del suelo sea más fina. Por lo tanto los colores que se presentan en los horizontes de suelo pueden ser: de color uniforme; así como pueden presentarse moteados, manchados, en algunos casos jaspeados o irisados. Los suelos que se observan moteados son la mayoría de las veces consecuencia del mal drenaje; los suelos manchados generalmente es debido a la existencia de acumulaciones de cal, materia orgánica, y al oxido de hierro; mientras que el jaspeado es consecuencia de las infiltraciones de coloides orgánicos y del oxido de hierro preexistente en la corteza superior del suelo; los suelos de aspecto irisado son consecuencias de infiltraciones, sin embargo esta misma característica es muy común en los casos en que el material madre no ha estado íntegramente expuesto a la intemperización. De cualquier forma se dan estrechas relaciones entre el color de los suelos y su evolución formativa, lo que significa que el color del suelo reciente es diferente cuando procede de la herencia de la roca madre, que cuando obedece al proceso de intemperización.

La identificación en campo de los suelos agrícolas por su color, hasta la fecha, no cuenta con una gradación uniforme que haga posible su identificación; así que todo depende de la particular percepción de quien observa y la correcta interpretación que haga de las tablas de color guía. Lo que será mas preciso en cuanto mayor sea la experiencia del observador, además, fuera del campo siempre se podrá recurrir a métodos colorimétricos de laboratorio para una determinación más exacta del color de los suelos.

La Textura

Esta se refiere al tamaño de las partículas contenidas en los suelos, las que de mayor a menor son: arena gruesa, arena, limo y arcilla. La textura evidencia el índice de grosor del suelo. De tal manera que al pasarse a través de un tamiz de lámina metálica con orificios de dos milímetros de diámetro todos aquellos componentes mayores a dicho diámetro no pasarán, como la grava, guijarros y piedras. Los componentes que lograron pasar son la arena fina, limo y arcilla, parte fundamental en la composición del suelo agrícola. Las posibles combinaciones entre ellos determina la capacidad del suelo para: retener la humedad, los nutrimentos, facilidad de laboreo y otros más supeditados a la textura del suelo. Véase el nomograma textural del suelo para conocer las diferentes clases que puede darse por la combinación de los tres elementos: arena, arcilla y limo. Las clases texturales se definen en función del porcentaje presente de cada uno de ellos en una muestra se suelo. Cada clase posee característica que influyen en la labor agrícola.

La textura en cuanto al tamaño de las partículas que contiene el suelo agrícola se refiere y determina la facilidad o dificultad que presenta para ser trabajado. Por ejemplo, a mayor solubilidad del suelo como resultado de su pulverización se tendrá un movimiento más lento de agua. Puesto que los suelos arenosos vienen a ser uno de los grupos de suelo donde más fácil se laborea, mientras que para los grupos de suelos limosos u arcillosos el laboreo se puede realizar adecuadamente cuando las partículas están de tal manera agrupadas que tiendan a formar pequeños gránulos. Situación que puede ser apreciada al momento de coger con la mano un puñado de tierra, la cual estando a punto de ser trabajada tendera a desmoronarse fácilmente al restregarla.

Respecto al subsuelo superior, localizado entre los 20 y 60 centímetros de profundidad, sus características importantes son: el color, la textura, la estructura, el pH y el contenido de fósforo y potasio. El color en este estrato del suelo indica, de manera significativa, el estado que guarda la materia orgánica, la aireación y el drenaje. Además, todos aquellos elementos nutricionales que se encuentran contenidos en esa capa así como su textura, en conjunto, guardan una intima relación con el drenaje interno, ya que los rendimientos de cosecha pueden ser buenos o malos en función directa al drenaje interno del suelo.

Tómese como ejemplo un suelo arcilloso y en el opuesto un suelo arenoso. Los suelos arcillosos por regla general tienden al drenaje lento y deficiente, en cambio los suelos arenosos son de drenaje tan rápido que difícilmente llegan a guardar suficiente humedad por periodos largos de tiempo.

Respecto al estrato de suelo localizado entre los 60, 120, y 150 centímetros de profundidad, que se conoce como subsuelo inferior, debe tener como característica mas sobresaliente la buena capacidad de retención de humedad y drenaje interno. De no existir esas condiciones el agua no tendría la capacidad de moverse fácilmente y tendera a subir de nivel e ir hacia el subsuelo superior, o hasta el suelo superficial. Por lo que es deseable que el subsuelo inferior sea aquel que tenga una textura media apta para la retención del agua, pero con una estructura que posibilite su libre movimiento de manera uniforme y rápida, es decir que drene fácilmente.

Componentes minerales

La grava, la arena y al limo presentes en un suelo tienen su origen y procedencia en la disgregación de la roca madre, de ahí que sean una parte mineral integrante del suelo agrícola aunque no aporte ningún elemento nutricional para favorecer el desarrollo de las plantas. Aquellos suelos que presentan un alto contenido de esos componentes tienen la particularidad de ser secos e infértiles. Sin embargo, a su favor esta la característica de que son fáciles de laborear inmediatamente después de la ocurrencia de una lluvia, toda vez que son suelos que dan punto muy rápido para la labranza, es decir, que se secan casi al terminar de llover.

Por el otro lado se tiene a los componentes finos de la tierra representados por el limo y la arcilla. El limo se encuentra entre la fracción arena y la fracción arcilla, de tal suerte que cuándo se presenta como el componente principal se denomina tierra limosa. Tiene la característica de ser valiosa en contenido nutricional además de gran capacidad de retención y facilidad de laboreo.

La fracción arcilla se le ve como el componente de alta incorporación del suelo, toda vez que posee gran capacidad para la retención del agua y una alta aptitud de retención de los materiales fertilizantes. Pero, cuando se convierte en el componente principal de la composición del suelo este tiende a ser compacto, en cuyo caso lo hace más difícil de poder trabajarlo, además se torna excesivamente terronudo como resultado de la labranza primaria, y es propenso a secarse muy lentamente por lo que su drenaje es deficiente. De ahí que, para considerar un buen suelo agrícola sería aquel en el que exista una apropiada relación entre los componentes de la arena el limo y la arcilla.

Profundizando poco más sobre los componentes del suelo, se puede decir que la arena y el limo son partículas finas cuyo origen es la disgregación de la roca madre, presentan forma irregular pero con una estructura de forma continua. La arcilla, una sola de sus partículas da el aspecto del mazo de naipes empleado en los juegos de póquer, por lo que tiene como característica particular la de expandirse o contraerse a manera de acordeón, conformado por muchas capas, cada capa puede considerarse como una hoja solida. Entre cada uno de los espacios que separan las hojas existe una película de agua, al estar el suelo saturado separa al máximo las hojas volviéndolas a juntar en los periodos secos. En los ciclos de expansión y de contracción de las hojas de la partícula de arcilla esta en la causa del agrietamiento del suelo cuando se seca; cuando se encuentra húmedo cierra los poros y dificulta el drenaje del agua, o definitivamente lo impide.

Los suelos se identifican de acuerdo a su textura, generalmente se les clasifica como arenosos, limo- arcillosos y arcillosos (con variantes intermedias); esta nomenclatura es conveniente para el trabajo de campo ya que facilita la identificación del suelo para los propósitos de laboreo. Esta nomenclatura generalmente aceptada es la elaborada por la Sociedad Internacional de la Ciencia del Suelo, el Departamento de Agricultura así como el Servicio Geológico de los Estados Unidos de Norteamérica. La clasificación es mucho más amplia para fines de identificación a nivel de laboratorio y en la elaboración de las Cartas Edafológicas.

Con respecto a la referencia asignada a un suelo como ligero o pesado, no es por su peso en relación a un volumen determinado, se refiere a la proporción de componentes de arena, limo y arcilla. De ahí que serán suelos ligeros aquellos donde el contenido de arena sea alto y los pesados serán los de gran contenido de arcilla.

Por lo que concierne a la fertilidad de la partícula de arcilla, tanto los lados como los bordes de cada una de las hojas ya mencionadas se encuentran cubiertas por diminutas y tenaces cargas negativas de electricidad. Por otro lado existen también elementos que actúan sobre la acidez y la fertilidad del suelo que son de carga eléctrica positiva. Los elementos que son atraídos y retenidos por las cargas negativas pertenecen al calcio, el potasio, el magnesio y el hidrógeno, los cuales no solamente son retenidos en los bordes y los lados de las hojas sino también entre ellas. Esta situación reviste importancia por el hecho de que la partícula de arcilla tiene la capacidad de conservar una mayor cantidad de elementos básicos, los cuales bajo otras circunstancias podría no permanecer.

Capacidad de intercambio y materia orgánica.

Como capacidad de intercambio se refiere a la disposición que tiene el suelo agrícola para retener bases que puedan ser intercambiadas entre las partículas de arcilla y el humus. Toda vez que en dichos suelos pueden existir, dentro de las partículas minerales solidas, gran cantidad de bases que no son aprovechables. Por ejemplo, en un suelo limoso con índice alto de fertilidad pueden existir de 27 a 29 mil kilos de potasio en el nivel de capa arable por hectárea y de forma aprovechable por las plantas solamente disponer de unos 100 a 120 kilos. Además, en los suelos minerales que se encuentran cíclicamente bajo cultivo, su capacidad de intercambio se dará en un rango que va: de los cuatro como mínimo, hasta los veinticinco a treinta kilos como máximo, por hectárea.

Ahora bien, para fines nutricionales es considerada como base intercambiable la cantidad contenida sobre las lamillas de arcilla y la materia orgánica, adicionalmente a la que se encuentre disponible en la solución del suelo. De lo anterior se puede deducir que, tanto los elementos nutricionales disueltos en el suelo como los contenidos en las laminillas de arcilla se mantienen en cierto equilibrio, de tal forma que al ser tomados por las raíces de las plantas algo del potasio contenido en la solución del suelo tiende a desprenderse así como también de la arcilla, entonces con dicha acción se rompe ese equilibrio.

Consecuentemente, a medida que se extraen elementos base del suelo este tendera a tornarse ácido; en cuyo caso el proceso consiste en que el hidrógeno ocupa el lugar que están dejando libre el calcio, el potasio, el magnesio y el sodio, elementos hasta entonces contenidos en las partículas de arcilla y la solución del suelo.

Puesto que todas las plantas presentan una definida preferencia por determinado rango de acidez o alcalinidad del suelo para prosperar, es conveniente conocer el equilibrio que guarda el índice de potencial de Hidrogeno (pH) en ese suelo. Para tal fin, se dispone de una manera práctica (potenciometros portátiles, cintas colorimétricas) de obtener en el campo el índice de pH del suelo que se encuentra bajo cultivo, también se cuenta con tablas ordenas generalmente en una escala que va del 4,0 al 10,0, donde 7,0 indica neutralidad, 4,0 acidez extrema y 10,0 alcalinidad máxima. Y ordenados según su valor pH los elementos base del suelo: Nitrógeno (N); Fosforo (P); Potasio (K); Azufre (S); Calcio (Ca); Magnesio (Mg); Fierro (Fe); Manganeso (Mn); Boro(B); Cobre(Cu); Zinc (Zn) y Molibdeno (Mo).

Realmente la escala del pH inicia en 0 y termina en el 14, donde 7 indica neutralidad ya que 0 es la mayor acidez y el 14 máxima alcalinidad, sin embargo en la practica agrícola es mas conveniente partir del valor 4 hacia el valor 10 de la escala ya que es el rango en donde se encuentra la materia orgánica responsable de la transformación de la masa estéril, compuesta por partículas de roca, arena, limo y arcilla, en una masa de suelo vivo. También es la fuente de alimentación para los microorganismos y animales inferiores que propician su descomposición, deposito natural de nitrógeno mediante el cual se abastece tanto el hombre como los animales y las cosechas. Además, la materia orgánica guarda una significativa parte del fósforo aprovechable del suelo. Ahora bien, aunque en el aire se encuentra nitrógeno en cantidad infinita, debido a su estado gaseoso este no puede ser aprovechado por el hombre o por los animales sino hasta que ha sido incorporado a las plantas.

Por otro lado, la materia orgánica es la responsable de unir entre si las partículas del suelo, lo que trae por consecuencia la formación de gránulos encargados de la protección del suelo contra las acciones de la lluvia, de laboreo por medio de arados, rastras y otras maquinas, y del paso del hombre y animales de trabajo. Como última consecuencia de la descomposición de las plantas en el suelo está el humus. Este es una complicada masa de grasas, aceites, resinas y de manera particular ligninas; aunque son importantes, desde la óptica del aporte de elementos nutricionales, las partículas de arcilla. Sin embargo el humus es fundamental puesto que un solo kilogramo es capaz de conservar tantas bases de calcio, potasio, magnesio o sodio así como la acidez representada por el hidrogeno, en comparación con unos 4 kilos de arcilla. Por lo tanto, el humus difiere significativamente de la arcilla en dos aspectos: Uno, el humus es mucho más eficiente que la arcilla para unir las partículas del suelo y formar los gránulos que no son tan fáciles de romperse por la acción de las presiones externas. Dos, un alto contenido en el balance del suelo se ve compensado con la presencia de gran cantidad de arcilla en los suelo pesado, en consecuencia, la clave fundamental que se debe observar para obtener un eficiente manejo de los suelos pesados es la de disponer de altos contenidos de materia orgánica.

La solución del suelo y el aire

El agua, y la mayor cantidad de los elementos nutricionales que requieren las plantas para su adecuando desarrollo y fructificación se obtienen de la solución del suelo. De ahí que, al momento que empieza el suelo a ser saturado por el agua de lluvia, esta buscara convertirse rápidamente en solución al tomar un poco del anhídrido carbónico que es liberado por las raíces de las plantas y por los microorganismos, de tal forma que resulta en la producción de anhídrido carbónico en la forma de H_2C_3, con lo cual el agua elevara su capacidad para disolver los minerales del suelo, poniendo en libertad el calcio, magnesio y potasio. Ahora bien, momentos antes de que empiece a llover las bases contenidas en la solución del suelo mas las de la arcilla y la del humus se encuentran equilibradas y luego al llover y saturarse el suelo, la nueva cantidad de agua precipitada en forma de lluvia diluye la solución, propiciando que pasen algunas de las bases de la arcilla a fin de restablecer nuevamente el equilibrio entre la solución y las sales del suelo.

Valga el ejemplo siguiente para comprender mejor lo antes dicho: Supóngase que al inicio del ciclo vegetativo en determinado suelo bajo cultivo se tiene una cantidad considerable de potasio. Una vez establecido el cultivo, después de la siembra, las plantas comienzan a tomar el potasio que se tiene en la solución del suelo, lo cual da el primer paso para iniciar un proceso por demás complejo de reacciones que muestran como el potasio retenido por las cargas negativas sobre la arcilla se comienza a desviar hacia la solución, en tanto que el potasio que se encuentra al interior de la lamina de arcilla se comienza a mover hacia la superficie a fin de reemplazar al potasio que se ha desviado hacia la solución del suelo. El proceso descrito se repite continuamente durante todo el ciclo de crecimiento de las plantas pero, ¿qué pasa al momento de que las plantas le quitan con mayor rapidez el potasio a la solución del que a la arcilla y humus les es posible reponer?. La solución se torna más pobre en potasio. Lo cual trae como consecuencia que el cultivo, aun cuando de manera inmediata no presente signo de carencia, llegara el momento en que sea tan evidente que abra la necesidad de adicionarle un compuesto químico.

El aire del suelo es restrictivo, puesto que no es conveniente el que se realice cultivo alguno en un suelo ventilado deficientemente ya que las raíces de las plantas requieren del oxigeno del aire para obtener la energía necesaria durante todo el proceso de absorción de los elementos nutricionales. Puesto que no son absorbidos fácilmente por las raíces junto con el agua ya que para realizarse de manera adecuada se requiere de cierto esfuerzo por parte de las plantas. La explicación a lo anterior se ve en el hecho siguiente. El suelo requiere de una gran cantidad de aire para favorecer que tanto los residuos de la cosecha anterior como las malezas se descompongan rápidamente. Durante ese proceso los organismos del suelo utilizan el oxigeno y lo eliminan como anhídrido carbónico, de ahí que el intercambio continuo entre el aire del suelo y el aire que se encuentra en la superficie sea de vital importancia para la realización del proceso de descomposición de los residuos de las plantas resultado de la cosecha anterior.

El aire y el agua dentro del suelo guardan una relación inversa; por consecuencia cuando el agua retenida es mucha, el aire en proporción deberá ser poco. El aire del suelo se localiza llenando solamente los intersticios o espacios vacíos entre las partículas de tamaño mediano a grande, de tal forma que al existir condiciones favorables para el crecimiento de las plantas el agua se ubicará en esos espacios. Por lo tanto, cuando el agua ocupa todo el suelo, es decir, saturando tanto espacios grandes como pequeños, el aire se desplaza del suelo y consecuentemente el ambiente del estrato se tornara tan húmedo que impedirá el adecuando desarrollo de las plantas.

En los suelos de textura gruesa, como los arenosos, el contenido de aire no reviste gran problema, a menos que dichos suelos se encentren totalmente saturados ya sea por un drenaje deficiente o porque no tengan forma alguna de evacuar los excesos de agua. Entonces, la falta de aire si es un problema en suelos de textura fina, por ejemplo, los suelos arcillo-limosos, puesto que el aire no tiene suficiente capacidad de movimiento en este tipo de suelo, ya que carecen de una adecuada estructura mediante la cual se propicia la aireación suficiente requerida para el buen desarrollo de los cultivos.

Los suelos pesados pueden tener una adecuada aireación en el momento en que se les mejore su estructura, puesto que el aire debe tener las condiciones propicias para poder moverse entre los agregados y gránulos que lo conforman, ya que en suelos pesados con buena estructura se dispone del medio idóneo para la producción de cosechas.

Capítulo 18

MÉTODOS DE LABRANZA Y MAQUINAS AGRÍCOLAS

Generalidades en preparación del suelo

La preparación del suelo agrícola tiene el fin de proporcionar una condición lo más optima y apropiada posible de la cama de siembra en la cual se pretende establecer las plantas de cultivo, para que se desarrollen, fructifiquen y produzcan grano, forraje, y especies frutícolas o forestales.

Sin embargo, lograr el objetivo está condicionado a una serie de factores como: la fuente de potencia para accionar las maquinas y las herramientas a emplear en el proceso de labranza; la selección de los equipos idóneos a la labor que se ha programado (sea esta bajo la superficie del suelo o sobre); la labor o labores especificas requeridas en el cultivo dentro del rango de tiempo que dicha labor demande. Entonces, la capacidad efectiva de campo desarrollada por la maquinaria agrícola, las bestias de trabajo o los peones de campo se deberá tener presente ya que bajo cualquiera sea la situación existe una fuerte correlación entre el ancho de trabajo desarrollado por una herramienta y la velocidad de traslado del móvil que lo desplaza.

Ahora bien, por observaciones de campo durante muchos años se ha podido constar que es muy factible obtener buenos rendimientos de cosecha con un mínimo de empleo de las maquinas agrícolas. Es decir, en efectuar únicamente una labor por vez y no repetirla puesto que se estará propiciando mayores desgaste, tanto en las maquinas como en las bestias y los peones; mayores costos de cultivo y mayor degradación del suelo; paralelamente se provoca la contaminación del medio ambiente. En contrapartida, al adoptar el buen manejo del suelo mediante los aprovechamientos de residuos de la cosecha anterior, del zacate y de la maleza, empleando la desvaradora y la rastra de discos para enterrarlos, se propicia la adecuada descomposición en beneficio de la reserva en materia orgánica, y es una fuente económica importante de nutrimentos que se reflejaran en los rendimientos al levantar la cosecha. Así mismo se favorece el control de la erosión del suelo; se reduce su compactación; se conserva mejor la humedad y se propicia una efectiva reducción de costos de cultivo asociados al uso de maquinas, bestias de trabajo y mano de obra.

El desempeño mecánico de las maquinas agrícolas es por lo general disímbolo, dependerá del diseño de los cuerpos cortantes incorporados a la herramienta de labranza. Para evaluarlos se deberán considerar únicamente las reacciones que se encuentran asociadas a las fuerzas mecánicas que se aplican de manera directa en el suelo, por ejemplo: las de aradura, tanto reja o vertedera como de discos; las de rastreo de discos y de rodillos o de púas; las de escarda con las rejas o la asada giratoria; así como la roturación especializada mediante los arados de cinceles o subsoleo.

Entonces, para cumplir con los propósitos de evaluación de los efectos causados mediante las prácticas de labranza en los suelos destinados a la producción de cosechas abordaremos aquí los más comunes. Entre ellos: los de medición de volumen y partición de los terrones; el tamaño de los gránulos y la permeabilidad del suelo; las resistencias al corte por el método de cizallamiento; la de medida de esfuerzo requerido para obtener una penetración del suelo por medio de una punto de metal de diámetro y ángulo específicos, así como otras mediciones en las que se consideran tanto las dimensiones como la longitud de un orificio. Por lo tanto, según el propósito de la evaluación y de los instrumentos y equipos disponibles, esta es una practica que se deberá realizar regularmente; puesto que los métodos de labranza mas los tractores y herramientas empleados para llevarlos a cabo se encuentran relacionadas con la potencia efectiva del tractor agrícola que las deberá remolcar en el campo.

Labranza primaria del suelo

Atendiendo las consideraciones anteriores, es de tomar en cuenta que el empleo de la maquinaria agrícola dedicada a la preparación de los suelos destinados a la producción de granos y forrajes, es variada pero sin perder el grado de especificidad para cada labor, de cada máquina y de cada herramienta. Por ejemplo, la roturación primaria del suelo, que como su nombre lo indica, tiene la finalidad de romper la capa arable del suelo para facilitar el uso de otros implementos de labranza como los de labores secundarias: de siembra, de escarda y de control de malezas, insectos y enfermedades. Dentro de este rubro se dispone de arado de reja o de reja y vertedera, los que frecuentemente se llega a confundir, pero cada uno de ellos realiza su específica función en la medida de su diseño particular. Por lo que, a fin de eliminar la confusión, aclararemos la diferencia. El arado de vertederas se comienza a desarrollar por el año de 1750, concediéndose la primera patente en el año de 1797. Este es un arado conformado por un fondo surcador de una sola pieza, el cual, conforme a la teoría que su diseñador exponía, encontraba utilidad sobresaliente para el manejo de suelos pegajosos, ello significa que era el diseño adecuado para la roturación de los suelos tipo barrial arcilloso.

El arado de reja y vertedera en su diseño original contemplo básicamente tres piezas en la conformación del fondo surcador: la reja, como elemento encargado de hacer el corte del suelo, tiene en principio seis configuraciones básicas que van desde las de filo recto hasta las del filo terminado en punta de succión agresiva. La reja de filo recto se emplea en el corte de suelo liviano tal como el arenoso; a medida que la succión tienda a ser más agresiva en la punta la condición del suelo también presentara más dificultad de corte, tal es caso que se presentan en los suelos arcillosos. De igual manera las vertederas también se presentan bajo diferentes configuraciones, las que, en esencia responden a 5 formas específicas de diseño y así puedan desempeñar su trabajo en condiciones específicas de volteo e inversión del prisma del suelo cortado.

Por ejemplo, se fabrican vertederas para uso general, es decir, para realizar el volteo del suelo bajo condiciones de campo normales tanto en textura como en contenido de residuos de cosecha. Esta vertedera es para operar a velocidades de aradura de entre los 4.8 a 6.4 kilómetros por hora. Luego se tiene las vertederas de alta velocidad, cuyo diseño implica una curvatura menos acentuada que la vertedera de uso general y su velocidad de trabajo va de los 6.4 a los 11.2 kilómetros por hora. También se dispone de vertederas

de rejilla, las cuales se emplean en aquel suelo que por alguna causa tiende a permanecer mojado, (nivel freático casi superficial, cerca de algún canal de riego o de un arroyo o formar parte de algún bajío), por lo tanto, el suelo se fracciona propiciando una pérdida de humedad mucho más alta que con las vertederas convencionales, lográndose la incorporación al cultivo de suelos marginales. La velocidad de aradura con rejilla depende mucho más de la humedad del suelo que de algún limite en kilómetros por hora de avance del tractor, ya que el patinaje, aun con doble tracción, es considerable. Entonces, la velocidad baja de aradura es lo más adecuado.
Se dispone también de vertederas rastrojeras, las cuales son de diseño agresivo en la curva de la parte superior con el fin de manejar los suelos que presentan cierta dificultad con respecto a la tendencia que tienen por adherirse a la vertedera, su velocidad de aradura es por lo general de 4.9 kilómetros por hora. Están las vertederas helicoidales, apropiadas para emplearse en suelos duros tendientes a formar terrones cuando se secan, como los suelos arcillosos. Este tipo de vertedera es curva y alargada, por lo que al trabajar tiende a formar franjas con el suelo cortado en los bordos de los surcos a fin de exponerlo a las acciones del clima; como un apoyo a su gradual pulverización y más fácil manejo. La vertedera helicoidal opera generalmente a baja velocidad de aradura, es decir de unos 4.6 a uno 6.0 kilómetros por hora. Por último están las vertederas de aradura profunda o de semi profundidad; generalmente de 0.35 a 0.45 metros de profundidad de surcado. Estas vertederas más altas que las vertederas anteriores y también algo mas angostas en su parte media, tienen el fin de alcanzar mayor velocidad y reducir el esfuerzo de tracción en el tractor, además la velocidad de aradura es también predominante baja, en no menos de 4.6 kilómetros por hora y no más alta de los 6.5 kilómetros por hora.

La primera patente para un arado de reja data del año 1813, se siguió trabajando en las mejoras del diseño hasta el año de 1833. Esas innovaciones, desarrollo y fabricación fueron dados para la época del tiro con bestias de trabajo. Sin embargo, los arados tanto de reja como de reja y vertedera actuales están fabricándose siguiendo el mismo principio que guió a los propulsores de este tipo de herramienta de labranza.

Por otro lado, se dispone también del arado de discos, el que sin necesidad de agregado alguno como apoyo a sus componentes de norma, tiene capacidad para roturar el suelo agrícola a mayor profundidad que los arados de reja y vertedera, es decir algo así como 0.45 metros. Sin embargo no invierten el prisma del suelo cortado ya que la tendencia es más bien a palearlo. Acción que trae como consecuencia el dejar muchos residuos de la cosecha a medio picar y casi todos sobre la superficie del suelo; por lo que le resta competitividad ya que deja el suelo un tanto áspero y aterronado, es decir, hace el trabajo más burdo que el arado de rejas. Pero a diferencia de estos tiene menos requisitos de potencia a la barra de tiro para operar, así como costos por hora de trabajo mas bajos aun encontrándose mal ajustado y nivelado, además con un desempeño para el trabajo de campo bastante aceptable. Sin embargo los resultados de algunas investigaciones realizadas han mostrado deficiencias de nitrógeno y potasio en suelos mal drenados que fueron roturados con el arado de discos; situación que evidenció la tendencia que tiene este implemento para disminuir la porosidad no capilar y dar origen a la compactación del suelo.

Por último, dentro de la gama de herramientas de roturación del suelo agrícola están los arados de cinceles. Bien conocidos dentro del medio de producción mexicano, aunque, en la práctica no se les ha dado el uso que se debiera. Sustituyen, bajo particulares condiciones de campo, al arado de discos. De ahí que el arado de cinceles, o cultivador de campo, como también se le conoce, sea la herramienta de roturación del suelo que lo raja, fractura y afloja a una profundidad que puede ir de los 10 a los 30 centímetros. Por dos razones técnicas: una es que, entre la superficie de la capa arable hacia abajo, 10 cm, la roturación se puede realizar con la rastra de discos sin ningún problema. Pero es de los 10 y hasta los 30 cm donde la roturación cobra importancia. De hecho para la mayoría de los cultivos de escarda que se siembran bajo régimen de temporal, entre los veinte y los veinticinco centímetros, es la profundidad suficiente para la aradura. La otra razón es que a profundidades mayores a los 30 cm, (aradura que cae dentro de labranza especializa), se puede realizar con arado de cinceles subsolador e inclusive, con el uso del subsolador de cuerpo recto, con el que se pueden alcanzar fácilmente los 70 cm de profundidad; aunque este sea una profundidad poco requerida dentro de las practicas de labranza en agricultura convencional. Así que el uso del arado de cinceles queda condicionado a las zonas agrícolas de lluvias escasas o mal distribuidas, con dificultades para retener la humedad, altas pendientes del terreno, propensión a la erosión y sobretodo cuando los costos de cultivo tienden a reflejar gastos por el empleo de maquinaria agrícola muy por arriba de la ganancia a obtener derivada de los rendimientos de la cosecha.

Labranza secundaria del suelo

La labranza primaria o de roturación tiene la finalidad de dejar el suelo expuesto a la intemperización para que reciba los beneficios del sol, el frio, la humedad e inclusive como un control de insectos y enfermedades. La labranza secundaria es el complemento de las labores previas a la siembra. Para ello se dispone de una amplia línea de herramientas según sean los requerimientos de los cultivos que se estén practicando. Todo con la finalidad de obtener una apropiada cama para la siembra que soportara la responsabilidad en la germinación, desarrollo uniforme, fructificación y rendimiento de cosecha.

La rastra de discos; herramienta muy usada en el campo mexicano, puede realizar labores tales como: el desterronado, mullido y emparejado del suelo, así como la incorporación de abonos químicos y orgánicos, y de residuos de cosechas. A diferencia de los arados la rastra de discos al trabajar ejecuta algo parecido a un amasado del suelo. Es decir, que cuando la sección de discos delantera realiza el volteo del suelo hacia la derecha, la sección de discos trasera invierte el volteo, hacia la izquierda, de tal forma que queda el corte y volteo en el mismo lugar y nivelado. Las rastras de discos se adaptan bien a suelos donde existen piedras chicas y redondeadas pero no cuando son grandes y planas ya que los discos ruedan sobre ellas lo que tiende a dejar parte del terreno sin desterronar.

Otro tipo de rastra es la de rodillos compactadores, la cual tiene dispuestos una o varias series de rodillos colocados en una barra común. Que contrario a la rastra de discos no son fijos en la barra sino que giran libre e independientemente unos de otros. Los rodillos de esta clase de rastra se fabrican en varias formas y figuras tales como: los de tipo pesado, de fundición y hierro compacto; los de configuración acanalada; los de pata de araña; los de dientes y los de púas.

Ahora bien, dentro de las múltiples aplicaciones que tienen estas rastras están las de: pulverizar terrones; romper la costra dura que se forma en la superficie del suelo; compactar el suelo suelto y eliminar las bolsas de aire que deja la aradura de discos. De tal manera que luego de usar rodillos la cementera queda a punto para que sea sembrada. Aun cuando la rastra de rodillos compactadores encuentra acomodo en todos los suelos bajo cultivo su uso es más recomendable para aquellas explotaciones agrícolas en las que se cultivan granos pequeños, alfalfa o trébol por ejemplo, toda vez que para granos como maíz, frijol, garbanzo e inclusive en sorgo que es grano chico, no es muy rentable el empleo de los rodillos compactadores.

Finalmente, se dispone de las rastras de púas, implemento que es de tiro bajo con la finalidad de facilitar el enganche a la barra de tiro del tractor o de otras herramientas de labranza tales como los arados de reja y vertedera, los arados de discos, los arados de cinceles y las rastras de discos. La función de este tipo de rastra es la de alizar la superficie de suelo con la finalidad de acabar el trabajo hecho por las anteriores herramientas de labranza; también la de arrancar la yerba seca y aflojar la tierra para las siembras de pastos o para establecer las praderas; esparcir el estiércol de ganado para propiciar su mejor aprovechamiento y alizar la tierra en las praderas de explotación ganadera.

Capítulo 19

SIEMBRA EN SURCOS Y SIEMBRA EN PLANO O COBERTERA

LA SIEMBRA EN SURCOS SE usa tanto en sistema de riego como de temporal y en semillas tales como: maíz, frijol, garbanzo, sorgo y la caña de azúcar. Bajo el sistema de riego y suministro constante de agua, por lo tanto la tierra a punto, se emplea la sembradora de hileras directamente y sin problemas. Pero en aquellas zonas donde la humedad requerida para el desarrollo adecuado del cultivo se encuentra sujeta a condiciones de lluvias estacionales es apropiado realizar la siembra empleando un fondo surcador. Los fondos surcadores tienen la ventaja de abrir surcos tan profundos, como en el caso de siembras *a busca jugo*, cuando la humedad está ubicada muy abajo de la superficie o en siembra más superficial habiendo buena humedad. En esencia los fondos surcadores son rejas de doble vertedera que están sujetas por tornillos a un timón o brazo curvo conectado a una barra porta-herramientas, integral cuando esta acoplada al enganche de tres puntos, o de tirón cuando la barra porta-herramientas esta acoplada a la barra de tiro, en cuyo caso se disponen de ruedas reguladoras de profundidad.

Para el caso de la siembra en plano o de cobertera esta se realiza casi en la superficie del suelo y con semillas pequeñas tales como: el trigo, la cebada, la avena y la alfalfa; así como semillas de muchos pastos y de flores. El equipo está conformado básicamente por sembradoras de tolva en tamaños variados, (acordes a la superficie que se deberá atender) ya que estos tipos de maquina son de muy alta eficiencia. Puesto que la resistencia en el suelo presentada por los conjuntos abre surco, discos de diámetro reducido, se ubican en su mínimo, lo que ayuda al buen desempeño y eficiencia de campo.

Para los casos en que se practica la siembra en plano es regla general que una vez realizada la siembra ya no se removerá el suelo con ninguna otra labor a fin beneficiar al cultivo establecido, a diferencia de las siembras en surcos en donde la escarda es una de las practicas usuales.

Equipo de escardas para siembra en surcos

Uno de los objetivos de la labor de escarda es poder llegar a eliminar el mayor número de plantas indeseables ya que estas tienen más habilidad y capacidad de competencia frente a las semillas sembradas puesto que las malezas, también conocidas como mala hierba, se encuentran en su medio de desarrollo, razón por la cual son mucho más agresivas en cuanto a competencia por nutrimentos, luz, humedad y espacio vital. De ahí que erradicar la mayor cantidad de maleza presente durante los primeros 20 a 35 días después de realizada la siembra sea de suma importancia para el desarrollo sostenido de las plantas así como el posterior rendimiento y calidad de la cosecha. También se pretende obtener con la escarda una capa mullida en la superficie del suelo para facilitar que el aire y la luz entren y circulen con facilidad dentro de la capa arable así como propiciar una mejor conservación de la humedad disponible.

Para conseguir el mejor beneficio de la escarda se dispone de dos implementos básicos. Uno es un conjunto formado por escardillos de doble vertedera y cinceles reversibles. Aquí los escardillos son de corona ancha y los ángulos del ala son bajos de tal manera que son muy agresivos en su acción cortadora de maleza, pero el suelo apenas es levantado, removido y mezclado, quedando flojo y suelto; lo cual permite que la humedad se conserve por periodos de tiempo más largos con un mejor aprovechamiento de los nutrimentos por las plantas cultivadas. Sin embargo, el total de malas yerbas desarraigadas no se eliminan ya que una parte vuelve a enraizar en el suelo removido. Por otro lado, en los escardillos doble vertedera y corona alta son más adecuados para laborear en suelos donde predomina el barrial, es decir, suelos de color negro o casi negro y pegajoso donde es muy difícil el estregado, por lo que el desarraigo de las malezas es difícil y problemático. Sin embargo ayuda en mucho el diseño de la corona, que es en extremo alta, lo cual facilita la acción del estregado y la limpieza de los escardillos cuando el suelo tiene la tendencia a pegarse en ellos por humedad excesiva. Como en el caso de los escardillos de corona ancha, también en estos las malezas no son controladas en su totalidad. De ahí que el empleo de ambos tipos de escardadoras deban usarse en la segunda labor de escarda puesto que el cultivo en esa etapa del crecimiento ya se encuentra en condiciones de competir mucho mejor.

La otra versión de escardadoras es del tipo de azadón rotatorio, basada en una serie de ruedas dentadas en forma de dedos que al avanzar la maquina entre hileras de plantas escarban el suelo y lo remueven, obteniéndose una superficie pulverizada y limpia de malezas. La eficiencia de operación en campo del azadón rotatorio es cuando la maleza apenas esta arraigando en el suelo, es decir alrededor de los 20 días posteriores a la siembra, lo cual corresponde a la primera escarda. Al controlar la maleza durante la primera etapa se tiene asegurado un control más efectivo para la segunda escarda ya que prácticamente no deja maleza sin eliminar.

Capítulo 20

PRACTICAS DE LABRANZA Y EFICIENCIA DE CAMPO

Parámetros de medida en la capacidad de campo.

La capacidad de campo, tanto teórica como efectiva, está referida a un índice de rendimiento de las maquinas agrícolas, de los animales de trabajo y de la mano de obra. Este índice puede medirse en: kilómetros por hora, millas por hora, metros por minuto, yardas por minuto, toneladas por hora, búshels o libras por hora o por minuto, hectáreas o acres y litros o galones por hora o por minuto, cuando se ejecuta algún tipo de trabajo en campo relacionado con la producción de cosechas. La capacidad de campo que deba desarrollarse en la producción mediante maquinas agrícolas, animales de trabajo o mano de obra que se empleara como índice de rendimiento en este texto se referirá como *una cantidad de trabajo realizado por tiempo usado* a fin de hacerlo operativo.

El rendimiento será estimado en hectáreas por hora, donde la capacidad del equipo mecánico, mano de obra y animales de trabajo se les considera en base a los tres rubros que se muestran en seguida:

a) Velocidad en kilómetros por hora
b) Ancho de trabajo en metros.
c) Trabajo desarrollado.

A partir de lo anterior, iniciamos con el instrumento básico en las labores agrícolas: el tractor.

Todos los tractores agrícolas disponen de un aparato de medición llamado tacómetro o tacógrafo puesto que aparte de medir las revoluciones por minuto del giro que esté operando el motor además registra su velocidad de avance y otros sucesos. El tacómetro se encuentra calibrado para que la velocidad con que se desplaza el tractor sea tomada en base a una pista de rodamiento compactada (hormigón, asfalto, cemento) y también con los neumáticos específicos que recomienda el fabricante. De tal forma que la velocidad, tanto de avance como de reversa, registrada en todos los tractores corresponde a ese parámetro de medida. Sin embargo, las condiciones de campo en donde opera el tractor son muy variables toda vez que dependen del estado en que se encuentre la superficie del suelo al momento. Pudiendo ser aterronado luego de la aradura; mullido y suelto luego del rastreo; húmedo luego de la lluvia o del riego; con zacate o residuos de cosecha. De estructuras sin compactar, lo cual provoca que la velocidad de avance del tractor sea afectada por deslizamiento (patinaje) de los neumáticos de tracción sobre la superficie del suelo. Por lo tanto cuando se trabaja en el campo la velocidad de traslado del tractor y del implemento deberán verificarse al iniciar la labor. Y debe repetirse el procedimiento tantas veces como se cambie de campo o de la herramienta de labranza.

Ahora bien, la verificación de la velocidad de traslado del tractor en campo es un procedimiento sencillo que puede realizarse mediante dos maneras: la primera se basa en el avance del tractor en el lapso de un minuto. Por ejemplo. El tractor recorre en un minuto la distancia de ciento diez metros, entonces en una hora (sesenta minutos) recorrerá una distancia igual a 110 por 60 = 6,600 metros. Que al dividirlos por mil dará como resultado 6.6 kilómetros por hora.

La segunda forma es más sencilla y practica, de tal manera que por esa razón se escogió para ser empleada en la estimación de velocidad en campo tanto de los tractores como de las cosechadoras combinadas. La fórmula que ya se ha descrito en páginas anteriores es:

$$t/v = s$$

A partir de ella se ha generado la siguiente Tabla, que para fines prácticos está tomada al segundo exacto. Sin embargo en campo nada o casi nada funciona dentro de segundos exactos.

Entonces pues, supóngase que se tiene un tractor operando una sembradora de cuatro surcos de 0.80 m entre líneas de surcado => 0.80por cuatro igual a 4 m de ancho en la siembra. En base a la cadena de 16.66m, el tractor tardo en recorrerla 8.65 segundos. Por tanto la velocidad de traslado del tractor en la siembra es igual a:

60 / 8,65= 6,93 kilómetros por hora

y por el otro lado, un ancho de siembra de 4 m, entonces se tiene como resultado:

60/8.56=6.93x320=2,217.6 metros cuadrados de sembradura en una hora.

RELACIÓN TIEMPO VELOCIDAD

Segundos necesarios para recorrer 16.66 m	Velocidad en Kilómetros por hora
3	20.0
4	15.0
5	12.0
6	10.0
7	8.6
8	7.5
9	6.7
10	6.0

Complemento de la medición en la velocidad de traslado del tractor e implemento

Para que se pueda determinar la capacidad efectiva de campo (CEC) se debe aclarar en qué consiste al relacionarla con la capacidad teórica de campo (CTC).La capacidad teórica de campo se encuentra basada en los datos técnicos que ha determinado el fabricante mediante pruebas de laboratorio (generalmente por la Universidad de Nebraska u otra institución de reconocimiento en Europa). Por ejemplo, asumiendo que un tractor tiene registrada una velocidad de avance, en la posición de tercera velocidad, de

7.25 kilómetros por hora, a 2 400 RPM; el implemento que esta remolcando el tractor en el campo es un arado de cinceles con ancho de corte de 2.50 m. En cuyo caso la capacidad teórica en campo es:

$$7.25 \times 2.50 / 10 = 1.8125 \text{ ha.}$$

Es decir, una hectárea y ocho mil ciento veinticinco metros cuadrados por hora. Que es igual a CTC 18,125 metros cuadrados por hora de trabajo en aradura de cinceles.

Sin embargo se asume también, que a condiciones reales de campo se tiene una velocidad media, medida y registrada, de 6.8 km / h, esto debido principalmente al deslizamiento o patinaje de la rueda de tracción del tractor a causa de las condiciones existentes en el campo en ese momento, mas una reducción en el ancho de corte total del arado de cinceles por el traslape existente entre cada vuelta del implemento dentro de la franja de aradura de 12 cm, de tal manera que la capacidad efectiva de campo desarrollada es de:

$$6.8 \times 2.38 / 10 = 1.6884 \text{ ha}$$

Por tanto, la capacidad efectiva de campo (CEC) resulta en una hectárea y seis mil ocho cientos ochenta y cuatro metros cuadrados por hora de CEC.

Lo cual traducido a trabajo efectivo por la aradura de cinceles en un momento especifico, se tiene que solamente por el patinaje y traslape del tractor e implemento en campo un igual a:

$$1.6884 \times 100 / 1.8125 = 93.15 \%$$

Es decir, una reducción medida en campo para determinar la capacidad efectiva del 6.85% por debajo de las especificaciones técnicas del fabricante, tanto del tractor como del implemento. Aclarando que el arado de cincel, (comparado con los otros arados) es el que desarrolla la capacidad efectiva de campo más alta. Así que el 6.85% medido como reducción de la CTC no se debe interpretar como muy significativa, puesto que tratándose de labores agrícolas se le puede considerar como reducción de normal a baja. Pero lo que sí es importante es medir y volver a medir en campo, tanto la velocidad a que se traslada el tractor como el ancho de corte que alcanza el implementó, puesto que se han registrado capacidades efectiva de campo tan bajas como del 50% en algunas cosechadoras de forrajes, y del 55% en los equipos de aplicación de amoniaco.

Es indudable que el 1 % en disminución de la CEC se reflejara en las posibles ganancias a obtener con los rendimientos de grano o forraje de la cosecha. Por lo tanto, el desempeño de las maquinas, animales de trabajo y mano de obra en la producción agrícola se encuentra en la punta de un delgado hilo llamado eficiencia de campo. Y medir la eficiencia de campo con la debida regularidad representa el punto neurálgico en que se debe apoyar toda empresa agrícola rentable.

Ahora bien, todos los tractores agrícolas se encuentran equipados, por conveniencia más que por norma, con motores de combustión interna, y las pérdidas de este tipo de maquinas corresponden a dos aspectos básicos en parte inevitables. El primero se refiere a una ley de la termodinámica, que dice *"la energía mecánica puede ser convertida totalmente en calor, pero jamás puede convertirse totalmente la energía calórica en energía mecánica"*.

En efecto, supóngase que se invierte un peso en combustible para producir trabajo por medio de un tractor agrícola, este tractor va a regresar trabajo efectivo desarrollado únicamente por 62 centavos del peso invertido. Es decir, a la inversión del 100 % regresara solamente un 62 % como trabajo efectivo. El diferencial de 38% se encuentra asociado a perdidas: en bomba de combustible del 2 al 3 %; bomba de agua del 4 al 5 %; múltiple del escape en el motor del 10 a 12 %; bomba de aceite en el motor de 3 al 4 %.

Dichas pérdidas están íntimamente asociadas al calor irradiado por el funcionamiento del motor, la cual es energía calórica irrecuperable. La otra perdida, que es global, está relacionada con la operación del tractor en campo y como consecuencia del patinaje o deslizamiento que los neumáticos de tracción experimentan al rodar sobre la superficie del suelo, aunado a la impericia del tractorista, por ajustes mal hechos u omitidos, tanto en el tractor como en la herramienta de labranza, todo lo cual representa alrededor del 34%.

Capítulo 21

POTENCIA DEL TRACTOR Y RESISTENCIA DEL SUELO

EN ESTE CAPÍTULO ABORDAREMOS LA resistencia que presenta el suelo para ser cortado y fracturado con las herramientas de labranza. La finalidad de estimar la potencia del tractor agrícola, a nivel de laboratorio o a nivel de campo, tiene el objetivo de conocer cuanta es la potencia teórica como base a la potencia efectiva, lo que a fin de cuentas permitirá realizar un trabajo eficientemente. En efecto, los suelos agrícolas presentan tanto factores de resistencia al corte como factores en la resistencia para la penetración, dependiendo de su constitución y de su estructura. Para conocer la resistencia al corte en los suelos se cuenta con: la caja de cizalla torsional mediante la cual se determinan los valores existentes de fricción interna y cohesión en el campo; en tanto que el penetrometro de cono permite determinar la resistencia que presenta el suelo a la penetración por medio de una herramienta cortante.

En labranza primaria es donde se requiere desarrollar una mayor potencia en la barra de tiro del tractor puesto que las herramientas a emplear son: los arados, (reja y vertedera o una combinación de estos), de discos en cualquiera de sus versiones, incluyendo rastras y arados rastra, cinceles tanto cultivadores como subsoladores. Por lo que casi todos los cálculos en los que está implícita la resistencia del suelo al corte o penetración se realizan según el tipo de implemento que se emplea. Ya que la potencia efectiva disponible, en la toma de fuerza o en la barra de tiro del tractor, para realizar el trabajo, generalmente se calcula tomando como base el más alto índice de demanda.

El índice de resistencia del suelo al corte se debe considerar basándose en el ancho y la profundidad de corte. Para tal fin se observa la siguiente regla general de cálculo. En el arado reja y vertedera, la resistencia está dada en la longitud total de la reja; en el arado de discos la resistencia es en la tercera parte de cada disco; en la rastra de discos y el arado de rastras, la resistencia es en la quinta parte del diámetro de cada disco; en los arados de cinceles se toma en cuenta el ancho de corte total de la herramienta y/o en razón del ancho total de fracturación que existe entre timón y timón del arado.

En cuanto a la profundidad de aradura o de corte, esta puede ser: desde los 10 hasta los 45 centímetros para los arados de disco; de 10 hasta los 30 cm para los arados de reja y vertedera; de 10 hasta los 45 cm para arados de cincel; y desde los 40 hasta los 90 cm en los arados subsoladores. En cuanto a la profundidad de corte para las rastras de discos y los arados rastra esta va desde 5 cm hasta la quinta parte del diámetro de cada disco.

En los cálculos de resistencia del suelo al corte se observara otra regla general, en la que ahora se utilizara una tabla. En ella esta anotada la textura del suelo y su resistencia al corte. Indudablemente que la interpretación apropiada de la textura del suelo conforme a la tabla es el fin practico a nivel de campo, toda vez que en los laboratorios de suelo cuentan con medios y equipo acorde a los propósitos de cada instalación y medición

CUADRO 7. RESISTENCIA DEL SUELO AL CORTE

Textura	Dureza del suelo en kg * cm^2	
	Mínimo	Máximo
Arenoso		0.2109
Limo arenoso	0.2109	0.2812
Limo arenoso seco	0.2812	0.4218
Arcillo arenoso	0.4218	0.4921
Arcillo limoso	0.4921	0.5624
Arcilla seca	0.6327	0.7030
Arcilla con pasto	0.7030	0.7733
Pradera arcillosa	0.8436	0.9139
Pradera arcillosa seca	0.9642	1.0545
Tierra negra húmeda	1.1248	1.2654
Tierra negra seca	1.2654	1.4060

Barro húmedo	1.4060	1.7575
Barro seco	1.7575	2.1090

El reconocimiento de la dureza del suelo conforme al valor consignado en la tabla es una cuestión de practica, sin embargo el profesionista de la agronomía tiene el conocimiento y la destreza para cumplir con el propósito.

Habiendo identificado la resistencia del suelo es el momento de operar la formula de trabajo mediante la cual se calculará la resistencia del suelo para ser cortado mediante alguna herramienta de labranza, previa selección y según las necesidad de campo.

La formula de trabajo es la siguiente:

$$(a)\,(p)\,(d)\,(n) + w = r$$

En donde:

a = Ancho de corte
p = Profundidad de corte
d = Dureza del suelo
n = Numero de cuerpos cortantes
w = Peso de la herramienta de labranza
r = Resistencia del suelo.

Por ejemplo, está programado roturar un suelo a 25 centímetros de profundidad, cuya textura se ha identificado como Arcilla seca, empleando un arado de cinco discos de borde liso y diámetro de 28 pulgadas, con un peso total del implemento de 975 kilos. El planteamiento queda como sigue:

Ya que el diámetro de los discos del arado están dados en pulgadas primero se deberá realizar la conversión a centímetros, empleando el factor de multiplicación de 2.54, => 28 x 2.54= 71.12 cm

Entonces, dado que el ancho de corte del arado es lo correspondiente a la suma de la tercera parte del diámetro de cada disco en cuyo caso la fórmula queda en: 71.12 / 3 = 23.70de corte de disco y por cinco discos igual a 23.70 x 5 =118.5 cm del ancho de corte total en el arado como capacidad teórica de campo.

Luego agregando el factor de dureza del suelo, los cálculos en la resistencia que presenta para la roturación con un arado de discos quedaría de la siguiente manera: 23.70 x 0.7030 x 5 + 975 = 3057.63 (tres mil kg con sesenta y tres gramos) que es la resistencia que presenta el suelo para ser cortado en el área de muestra de 1.185 m

Complemento de los cálculos anteriores, es la introducción de una tabla que se refiere a la operación de campo en cuanto al tipo del implemento. A los promedios medidos de eficiencia que se alcanza y a la velocidad común de operación correspondiente a cada uno.

CUADRO 8. OPERACIÓN DE CAMPO

Herramientas de labranza y /o maquina	Eficiencia %	Velocidad km/h
Arado reja y vertedera	74 a 88	6.5 a 9.0
Arado de discos	74 a 88	4.5 a 7.5
Rastra de discos	77 a 90	6.2 a 10.2
Rastra de picos	65 a 83	5.6 a 11.5
Rastra de rodillos compactadores	75 a 90	5.5 a 7.5
Niveladora (land plane)	70 a 80	4.8 a 5.4
Escardadora de rejas	68 a 90	3.2 a 9.1
Escardadora rotatoria	68 a 90	3.2 a 9.1
Sembradora unitaria	60 a 78	3.2 a 9.1
Sembradora de tolva	65 a 88	4.0 a 8.8
Sembradora de voleo	65 a 70	6.4 a 10.0
Segadora de pasto	75 a 83	5.3 a 8.3

Hileradora acondicionadora	62 a 89	5.6 a 11.8
Empacadora de forraje	65 a 80	2.4 a 7.4
Cosechadora de forraje	50 a 76	5.3 a 7.4
Cosechadora de grano (combinada)	65 a 70	6.4 a 10.0
Cosechadora de maíz (combinada)	55 a 70	3.5 a 5.6
Equipo de aplicación (agroquímicos)	55 a 65	4.8 a 8.8
Equipo de aplicación (amoniaco)	55 a 65	5.6 a 7.5

Ahora bien, la eficiencia de campo anotada en la tabla está considerada para que se desarrolle conforme a la dimensión del predio, a la destreza del tractorista y al tiempo normal que se emplea durante la jornada de trabajo. Por lo que no se consideran ajustes que se deban realizar con respecto al mantenimiento preventivo o correctivo del equipo: lubricación y engrasado, alguna reparación menor cuyo origen sea por mala operación del equipo o las difíciles condiciones del campo de labranza.

Capítulo 22

COSTOS POR HORA Y POR HECTÁREA

Valores de depreciación en maquinas mano de obra y fuerza animal.

EXISTEN CRITERIOS CON RESPECTO A lo que se estima es la vida económicamente útil de la maquinaria agrícola, que a diferencia de otros tipos de vehículos en los que el desempeño y vida útil se mide en kilómetros recorridos, en el equipo agrícola se mide en horas de trabajo realizado. Con la intención de explicar lo que es "vida económica útil" en la maquinaria agrícola enseguida esta una tabla sinóptica en la que se registran los valores que guardan relación con el tiempo en que se estima habrá que reponerla por una maquina nueva, sus periodos de desgaste o de obsolescencia y los años que transcurrirán para eso.

CUADRO 9. VIDA ECONÓMICA ÚTIL DE LA MAQUINARIA AGRÍCOLA

Equipo	Desgaste en hr	Curva Optima	Años
Tractor neumáticos	10 000	8500	10
Tractor de carriles	16 000	16 000	20
Arados de reja y de discos	2 000	2 000	8
Rastra de discos y rodillos	2 000	2 000	8
Escardadoras	2 000	2 000	8
Discos borderos	2 000	2 000	8
Arados de cinceles	2 000	2 000	8
Arados subsoladores	2 000	2 000	8
Niveladoras	2 000	2 000	8
Sembradoras	1 000	850	6
Cosechadoras	2 000	1800	8

Equipo forrajero	2 000	1 800	8
Escrepas	2 000	1800	8
Despedregadoras	1 000	750	6
Trituradoras de piedra	1 000	700	6
Aperos de tracción animal	1500	1350	4
Herramientas manuales	480	480	4
Bestias de trabajo	2 000	1 800	6
Peón de campo	13 140	12 000	45

Al periodo que media entre la compra de un bien mueble y el descarte de dicho bien se le aplica el termino de depreciación. Es decir, la pérdida de su valor original debido al desgaste en un tiempo determinado; que puede ser en años, en horas o una combinación de ambos. Lo anterior es válido y técnicamente aplicable no únicamente a las maquinas de uso agrícola sino también a la fuerza humana tomada desde el punto de vista del peón de campo, siempre y cuando estén percibiendo una retribución monetaria por una labor determinada, y las bestias de trabajo. La depreciación vista como la disminución del valor original de un bien mueble, ya sea debido al desgaste o a la obsolescencia, se puede calcular adecuadamente disponiendo de la metodología y formulas apropiadas. Pero cuando se trata de calcular la depreciación de la fuerza humana o la fuerza animal, es un asunto complicado, en especial con la fuerza humana, sobre todo por la implicación ética y que se considera inhumano someterla a las leyes de la oferta y la demanda en función de un valor asignado con respecto a su desempeño dentro de un sistema de producción; sin embargo tanto el hombre como las bestias de trabajo tienen su periodo de vida económica útil. De ahí que para ellos es válida y correcta la aplicación del término de depreciación.

Formas usuales de depreciación

Por lo general se pueden identificar tres formas de cálculo para la depreciación, vista desde la óptica de la pérdida de valor para un bien mueble, fuerza humana y animal.

Depreciación proporcional

En la metodología de cálculo empleada para determinar la depreciación proporcional se recurre a la reducción del valor igual asignado a cada uno de los años en que se esté disfrutando el bien mueble bajo análisis depreciativo Para cumplir con la finalidad de cálculo se tiene que determinar un valor que sea apropiado en la recuperación del bien mueble en acuerdo al número de años (vida útil de la maquinaria). Por ejemplo, asumiendo que se ha comprado un maquina nueva con valor de $ 365,500.00 y la vida útil se ha estimado en diez años. Por lo tanto el valor de recuperación que se está asignando es del diez por ciento del precio pagado por el bien nuevo.

Entonces: valor nuevo, menos el diez por ciento, entre el número de años de vida útil.

⇨365,500 – 10 % = 36,550 => 365, 550-36,550 =>
=> =>328,950 / 10 = 328,950 / 10 = 32,895

CUADRO 10. DEPRECIACIÓN PROPORCIONAL PARA UNA MAQUINA NUEVA CON VALOR DE $ 365,500.00

AÑO	DEPRECIACIÓN	VALOR FINAL DEL AÑO
1	$32,895.00	332, 605.00
2	$32,895.00	$329,320.00
3	$32,895.00	$296,425.00
4	$32,895.00	$263,530.00
5	$32,895.00	$230,635.00
6	$32,895.00	$197,740.00
7	$32,895.00	$164,845.00
8	$32,895.00	$131,950.00
9	$32,895.00	$99,055.00
10	$32,895.00	$66,160.00

Con el método de depreciación proporcional no se consigue mucha exactitud cuando se pretende obtener el valor real de una maquina dentro de un periodo de tiempo cercano al final de su vida útil, ya que siempre las maquinas se han deteriorado más rápidamente durante el primer año de uso que en sus últimos años.

Depreciación acelerada

El valor real del método para obtener la depreciación de una maquina o un bien mueble cualquiera tiene su base en que es el método suman de los dígitos año. La depreciación acelerada como metodología de cálculo posee la característica de ser más justa que el método proporcional puesto que da el valor real del bien mueble dentro de cualquiera año de vida de la maquina, ya que las etapas depreciativas disminuyen en la medida que el bien se acerca al final de su vida económica útil.

Los pasos a seguir en la metodología de cálculo para determinar una depreciación acelerada son tres:

1- Realizar una sumatoria de los números que van a representar los años considerados como periodo de depreciación.
2- Realizar la división entre el periodo en que se determino la depreciación y la suma de los dígitos contenidos en el número de años muestra.
3- Realizar las secuencias del calculo depreciativo en el sentido inverso a los años en que esta deberá ocurrir

A modo de ejemplo continuaremos tomando la secuencia de cálculo del valor de la maquina ya expuesto que es de $ 365,500.00

Entonces:

365,500.00 menos 10 % como valor de recuperación = 36,550.00 => => =>
=> => 365,500.00 - 36,550.00 = 328,950.00 base del calculo

Sumatoria de los dígitos año 10+ 9 +8+7+6+5+4+3+2+1 = 55 unidades

Por lo tanto

$328,950.00 / 55 = $ 5,980.90

de tal forma que la depreciación se realizara con acuerdo al cuadro sinóptico siguiente:

DEPRECIACIÓN ACELERADA PARA UNA MAQUINA NUEVA DE $365,500.00

AÑO	DEPRECIACIÓN	VALOR FINAL DEL AÑO
1	10/55 X 328,950.00 = 59,809.09	$305,690.91
2	9/55 X 328,950.00 = 53,828.18	$251,862.73
3	8/55 X 328,950.00 = 47,847.27	$204,015.46
4	7/55 X 328,950.00 = 41,866.36	$162,149.10
5	6/55 X 328,950.00 = 35,885.45	$126,263.65
6	5/55 X 328,950.00 = 29,940.54	$96,359.11
7	4/55 X 328,950.00 = 23,923.63	$72,435.48
8	3/55 X 328,950.00 = 17,942.72	$54,510.76
9	2/55 X 328,950.00= 11,961.81	$42,548.95
10	1/55 X 328,950.00= 5,980.90	$36,568.05

DEPRECIACIÓN A DOBLE SALDO DECRECIENTE.

El valor que realmente tiene un bien mueble durante el transcurso de su vida económica útil, en cualquier año seleccionado, se obtiene mediante una fórmula denominada a saldo decreciente, la cual, a diferencia de los dos métodos de depreciación mostrados, encuentran valor significativo porque una maquina tiende a perder valor en razón a cantidades diferentes cada año, sin embargo el porcentaje en su depreciación anual sigue siendo el mismo a lo largo de toda su vida útil. Y difiere también en que se toma el 20 % en lugar del 10 % como valor de recuperación, de ahí el termino que es doble saldo decreciente.

La formula aplicable a la depreciación doble saldo decreciente es:

$$VR= C \times (1-r / D)^{y}$$

Donde
C = costo de bien mueble nuevo;
D = duración años de vida útil;
y = calculo para determinado año de vida útil;
VR = valor de recuperación al final de la vida útil.

Por lo tanto:

365,500.00 x 0.20 como valor de recuperación = 73,100.00 => => =>
=> =>365,500.00 – 73,100.00 = 292,400.00 base de calculo

CUADRO 12. DEPRECIACIÓN A SALDO DECRECIENTE DE UNA MAQUINA NUEVA DE $ 365,500.00

AÑO	DEPRECIACIÓN	VALOR FINAL DEL AÑO
1	$73,100.00	$292,400.00
2	$58,480.00	$233,920.00
3	$46,784.00	$187,136.00
4	$37,427.00	$149,708.80
5	$29,941.76	$119,767.00
6	$23,953.40	$95,813.63
7	$19,162.73	$76,650.90
8	$15,330.18	$61,320.72
9	$12,264.14	$49,056.58
10	$9,811.31	$39,245.26

La aplicación del método de depreciación a doble saldo decreciente muestra que el precio que se ha calculado para el bien mueble en cuestión en ningún momento alcanza un valor igual a cero. Por lo tanto, aquellos valores que se obtuvieren con este método siempre estarán muy cercanos a los precios reales de la maquinaria agrícola, lo cual no sucede frecuentemente con los métodos de depreciación proporcional y depreciación acelerada. Sin embargo, para un mercado en el que se compran y venden maquinas de uso agrícola frecuentemente es necesario contar con un método de calculo que se mantenga dinámico y actualizado, de tal forma que el emplearlo no represente el uso de métodos complejos y elaborados cuya aplicación es mas de uso en laboratorio que en el campo.

Fue en la primera mitad de la década de los 70, que encuentran uso una sencilla fórmula de cálculo que emplea dos índices aplicables a las maquinas con motor de combustión interna (tractores rodado neumático, carriles y cosechadoras) y otros dos índices para todas las herramientas de labranza (arados, rastras, sembradoras, escardadoras, etc).

Los índices para las maquinas equipadas con motor de combustión interna son: de 0.68 aplicable al momento de retirar el bien mueble del establecimiento comercial, y 0.92 aplicable al periodo despreciativo que corresponde al final del año en cuestión, cualquiera que sea este durante la vida útil de la maquina. El otro índice es de 0.60 aplicable al momento de retirar la herramienta del establecimiento comercial, y de 0.89 aplicable al periodo despreciativo correspondiente al final del año en cuestión. Al operacionalizar la secuencia de cálculo mediante los índices de 0.68 y de 0.60, se podrá observar que, en efecto, todos los bienes muebles pierden la mayor parte del valor de compra durante su primer año de adquisición. Para mejor comprensión de lo expuesto continuemos con la maquina cuyo valor de compra es de $ 365,500.00 pesos.

365,500.00 x 0.68 = 248,540.00 => 116,960.00

es decir:

116,960.00 pesos en perdida del valor de adquisición del bien mueble una vez que ha salido de la casa vendedora, lo que representa el 32% del valor comercial, luego, aplicando el índice 0.92 se tiene

248,540 x 0.92 = 228, 656.80 como valor al final del primer año de adquisición.

Para una comprensión más amplia del método de cálculo véase el siguiente cuadro sinóptico.

CUADRO 13. DEPRECIACIÓN A VALOR DE CAMPO

AÑO	Valor inicial	Factor de multiplicación	VALOR FINAL DEL AÑO
1	$365,500.00	0.68 y 0.92	$248,540.00 y $228,656.80
2	$228,656.80	0.92	$210,364.25
3	$210,364.25	0.92	$193,535.11
4	$193,535.11	0.92	$178,052.30
5	$178,052.30	0.92	$163,808.12
6	$163,808.12	0.92	$150,703.47
7	$150,703.47	0.92	$138,647.19
8	$138,647.19	0.92	$127,555.42
9	$127,555.42	0.92	$117,350.98
10	$117,350.98	0.92	$107,926.90

De los cuatro modos de cálculo para estimar la pérdida de valor de los bienes muebles el que más se apega a mostrar el costo de una maquina cualquiera en los mercados de compra- venta es el método de depreciación a valor real de campo, por que el comportamiento del mercado se da efectivamente como lo expone dicho método. Tan es así que en el *libro azul*, sus pronósticos están basados en el método real de campo, pero, de no encontrarse actualizado cada año y para el momento en que un equipo recién salga al mercado, los valores que se consignan a través de libro azul pueden manipularse o desvirtuarse, situación que ocurre frecuentemente.

Ahora bien, manejando los métodos de depreciación adecuadamente y con suficiente destreza y conocimiento, cualquier profesionista relacionado con la producción de cosechas y las maquinas agrícolas estará en condición de valorar con eficiencia los equipos mecánicos, la mano de obra y la fuerza animal. Realmente saber cuáles son los gastos en que se incurre al producir cosechas es un imperativo de sobrevivencia puesto que solo así se conocerá la rentabilidad de la producción.

Capítulo 23

CÁLCULOS RELACIONADOS CON LOS COSTOS POR HORA

DEBEMOS RESALTAR QUE, TANTO LA vida útil como la operación de las máquinas agrícolas, la mano de obra y las bestias de trabajo, se mide en horas, para facilitar todos los cálculos requeridos dentro del sistema de producción de cosechas. Lo cual difiere del resto de los sistemas de producción como; el transporte de pasajeros y carga, las ventas, el comercio, las manufacturas, la industria, donde es mas sencillo procesar los cálculos por: kilómetros recorridos, jornada laboral, y contratos.

Entonces para fines prácticos, en las secuencia de cálculo de los costos por hora de las maquinas agrícolas se toma la hora reloj y un año civil calendario invariablemente. Los costos por hora de las maquinas agrícolas, mano de obra, y bestias de trabajo, quedan divididos en dos grandes rubros:

a) Costos de propiedad (o costos fijos)
b) Costos de operación (costos variables)

Costos de propiedad

Los costos de propiedad se refieren a aquellas erogaciones en que incurre el poseedor de un bien mueble desde el momento en que realiza el pago por dicho bien, hasta el momento en que llega al final de su vida económica útil. Por lo tanto los gastos realizados dentro de este rubro son de carácter permanente, lo que significa que no cambian en ningún momento y son de carácter constante dentro de todo el tiempo transcurrido de la vida útil del bien mueble. Cuatro son los apartados en que se divide el rubro de los costos de propiedad:

a) Amortización.
b) Intereses.

c) Seguros.
d) Almacenaje.

Amortización

La amortización está referida a la recuperación del capital invertido; disponiendo para ello de las etapas determinadas dentro de un periodo de tiempo definido ex profeso, para tal fin la operación de amortización toma como base el valor total del bien mueble adquirido y dividido entre las horas de vida económica útil del bien en cuestión.

Intereses

Los intereses son una cantidad monetaria que como utilidad del capital invertido con miras a la adquisición de un bien le es retribuida al prestatario, sea este un banco, una sociedad de crédito, o el mismo poseedor del bien. Los intereses son calculados en base al valor total del bien adquirido, multiplicados por la taza (generalmente bancaria) determinada al momento del contrato de préstamo o de inversión, de hacer los cálculos y dividirlos entre las horas de vida útil del bien.

Seguro

Generalmente, sobretodo en nuestro país, a las maquinas agrícolas no se tiene contemplado pagar por alguna forma de aseguramiento que respalde los daños o contingencias que pudieran suceder. Sin embargo por su naturaleza y la constante exposición a situaciones riesgosas es sano y aconsejable contemplar algún tipo de aseguramiento similar al de los vehículos de trabajo, tales como las camionetas de reparto y los camiones de carga. El precio de aseguramiento se basa en el valor total del bien adquirido multiplicado por un porcentaje estimado entre el 5 y el 7 % del valor mencionado mas una pequeña cantidad que la firma aseguradora le cobra al usuario por gastos administrativos y el impuesto al valor agregado. Toda la suma pagada se divide entre las horas de uso anual del bien adquirido.

Almacenaje

En las regiones cálidas y secas se tiene la costumbre muy generalizada de no proveer algún tipo de resguardo para las maquinas agrícolas. Sin embargo, en aquellas regiones que son de clima húmedo y templado se piensa que es suficiente con algún tipo de resguardo improvisado. El problema es que cualquiera que sea la clase de maquina o herramienta de labranza que se deja a la intemperie sufre un deterioro mucho mas severo que teniéndola dentro de un lugar adecuando de resguardo. Por lo tanto, proveer del adecuado resguardo representa una economía en cuanto a menos reparaciones por la oxidación de partes expuestas a la intemperie, menos contaminación de combustible dentro del tanque, también menos contaminación de la grasa lubricante en articulaciones, bujes y cojinetes sometidos a esfuerzos y fricción; y ni que decir de la pintura, de los asientos, y de los instrumentos en el tablero de los equipos.

El almacenaje opera con base en el valor total calculado de la construcción, (la cual debe de estar en una dimensión justa) para que provea el acomodo apropiado de la maquinaria, y dividido entre las horas de la vida útil de la maquina o implemento a resguardar.

A continuación abordaremos los costos de operación o costos variables, que corresponden a gastos que son realizados desde el momento en que se ponen a funcionar las maquinas y las herramientas de labranza.

Costos de operación

Los costos de operación inician desde el momento en que se pone a funcionar el motor de la maquinaría agrícola, aun cuando no trabaje, simplemente por el hecho de que esté funcionando. Y pueden ser tan altos o tan reducidos según sea la intensidad del trabajo impuesto al equipo. Los costos de operación o variables se dividen en los apartados que en seguida se anotan:

Combustible.

Los consumos de combustible en los motores de diesel en los tractores agrícolas se estiman bajo dos forma de cálculo. La primera consiste en multiplicar los kiloWatt máximos que el tractor desarrolla a la toma de fuerza (TDF) por el factor 0.243, que es para cuando el tractor opera al 80% de su capacidad durante el año d trabajo. La segunda forma es mediante un factor de multiplicación de 0. 10875 por los caballos (HP) de potencia máximos desarrollados al volante de inercia del motor en el tractor; se emplea cuando el tractor opera al 55% de su capacidad durante el año de trabajo. Sin embargo en la práctica el uso anual de los tractores agrícolas es de alrededor del 55% de su capacidad total ya que la mayor carga de trabajo (que es intermitente) se lleva a cabo en trabajos tales como: la roturación del suelo; el desterronado; siembra de los cultivos de escarda; es decir, trabajos en los que se usa la barra de tiro del tractor. Lo cual es muy diferente de los trabajos tales como la cosecha, el ensilado, el empacado o el bombeo de agua en los que es normal el empleo de la toma de fuerza (TDF) del tractor al 80% de su capacidad total durante el año de trabajo.

Consumo de aceite lubricante

En los motores de combustión interna con que se equipan los tractores agrícolas y las maquinas cosechadoras combinadas utilizan el aceite lubricante para varias aplicaciones tales como: lubricar las partes en fricción, rodamiento, etc.; arrastrar el carbón que queda en la cámara de combustión del motor como residuos de combustible quemado; ayudar a reducir las altas temperaturas generadas en la cámara de combustión; sellar todos los espacios existentes entre los cojinetes de bancada del eje cigüeñal y bielas, así como entre los puntos de apoyo del árbol de levas y de los aros (anillos de los émbolos); apoyar la limpieza en general del motor; y desarrollar la presión suficiente para mantener todas las partes móviles en el motor operando adecuadamente. El aceite lubricante en el tren de transmisión, similar al del motor y que se emplea también en el sistema hidráulico del tractor. Ambos tipos de aceite lubricante se calculan en base a las capacidades de cada uno de los recipientes que los contienen más un 10 % que se considera se gaste o se pierda por manejo y consumo entre los periodos de cambio.

Grasa lubricante

Por regla general, sana costumbre y además económica se engrasan todos los puntos en el tractor e implemento que se encuentra bajo fricción, se deberá realizar al inicio de la jornada de trabajo, (cada 8 horas), salvo que el manual del fabricante exprese una indicación diferente. Para tal fin el consumo de grasa lubricante y su costo se calcula multiplicando el numero de graseras (puntos de engrase) por el factor 0.015 y por el precio de la grasa lubricante.

En el caso que las maquinas agrícolas trabajasen bajo condiciones de campo en extremo difíciles, donde la tierra suelta como producto del laboreo tendera a adherirse en los espacios existentes entre los bujes y manguitos de las partes móviles entonces, reponiendo con grasa nueva en esas articulaciones expulsara tanto la tierra adherida como la grasa contaminada, lo cual protegerá de manera eficaz las partes móviles contra el desgaste y abrasión de la tierra.

Filtros

En los tractores y cosechadoras combinadas se dispone de una serie de filtros específicos, tanto para el aire que es suministrado al motor, sea este de aspiración natural o por turbo-cargador, como los filtros para el aceite de lubricante en la caja del eje cigüeñal del motor, además filtros para el combustible, el aceite hidráulico, y en algunos motores filtros para el sistema de control de temperatura. La función específica de los sistemas de filtrado en todos los motores de combustión interna, y en los tractores en general, consiste en retener las partículas contaminadas que acarrean tanto el combustible como el aceite lubricante y en el agua del sistema del control de temperatura.

El problema con las partículas contaminantes aspiradas es que cuando se encuentran dentro de alguno de los sistemas tienden a obstruir, rayar, desgastar y a reducir en mucho la vida útil del motor y del equipo. El costo de los filtros se hace basándose en el número de filtros, el precio de cada uno de ellos dividido entre las horas en que se recomienda su cambio.

Neumáticos (llantas)

Las maquinas agrícolas (tractores, cosechadoras combinadas, cosechadoras de forraje, algunas sembradoras y equipo de aplicación) son del tipo de móvil que trabajan y transitan a regímenes de baja velocidad, por tal motivo no se hace necesario que cuenten, como equipamiento de norma, con algún sistema de amortiguación o de muelleo. Toda su estructura es rígida por lo tanto el sistema de rodamiento, es decir los neumáticos, ameritan especial atención ya que sirven para rodar sobre el terreno pero, además, es el medio de que se valen para ejercer fuerza de tracción, de dirección y de suspensión. Para determinar el costo de los neumáticos se toma el valor de tres juegos completos y se dividen entre las horas totales de vida útil de la maquina que se trate.

Reparaciones, Refacciones y Mano de Obra

Se dispone de la experiencia de mucha gente especializada relacionada con la operación y el mantenimiento de las maquinas agrícolas que estiman el importe del 80 % del valor total del bien como la cantidad de dinero suficiente para proveer del mantenimiento correctivo a lo largo de toda su vida útil. Entonces, la fórmula para calcular las reparaciones mas las refacciones y la mano de obra especializada toma el 80% del valor total del bien mueble y lo divide entre las horas de vida útil del equipo que se trate. Considerando que el 80% le corresponde a la operación normal de campo, es decir, terreno de textura media, sin piedras o raíces, pendiente moderada y tractorista competente: Sin embargo, fuera de dichas consideraciones, ya sea hacia arriba o hacia abajo, el cálculo se hará de 90% o del 70 % respectivamente.

Administración

Parte del trabajo dedicado a la producción de cosechas lo ocupan las labores administrativas. Dedicarle tiempo a una máquina para programar su trabajo; vigilar que todas las practicas de labranza se realicen con prontitud y eficiencia; atender los programas de mantenimiento, tanto diario como preventivo y correctivo según las recomendaciones del fabricante; y de todas las actividades relacionadas con la vida útil de las maquinas, requieren algún tipo de pago. En consecuencia, para cubrir el costo administrativo que implica la atención de las maquinas agrícolas se deberá asignar un porcentaje equivalente al 30% del valor total erogado en la adquisición del bien. Valor total multiplicado por 0.30 y dividido entre las horas de vida útil de la maquina sujeta a calculo.

Salarios del tractorista

Los salarios devengados por la persona que tenga la responsabilidad de manejar tanto el tractor o alguna de las otras maquinas autopropulsadas, para fines prácticos, se considera con base en una jornada de ocho horas de duración. Independientemente del tipo de contrato de trabajo que se tenga acordado; ya que la condición laboral podrá ser por día, por semana, por mes o por tiempo indeterminado. También existirán otras prestaciones laborales tales como: vacaciones pagadas, aguinaldos de fin de año, seguridad social, reparto de utilidades, seguro de vida, etc.

Una vez que se han calculado todos los rubros correspondientes tanto por los costos fijos como los de operación se puede abordar los costos por hectárea-labor. Antes y para una mejor comprensión del tema sobre costos presentamos dos hojas de cálculo, para lo cual dedicamos exclusivamente el siguiente capítulo. Se considera un tractor hipotético de 106 caballos de potencia y un arado de cinco discos acorde a la potencia del tractor.

Las secuencias de cálculo son con fines de ejemplo y no guardan o pueden guardar semejanza con los precios de mercado vigentes a la hora de que se realicen los cálculos de costos por hora.

Capitulo 24

COSTO POR HORA DE MAQUINARIA AGRÍCOLA

Tractor de 106 HP y valor de $ 420,000.00 pesos		
Concepto y/ o material	**Formula**	**Costo por hora**
Amortización	420, 000.00 / 10,000 =	$42.00
Intereses	420,000.00 x 0.39 / 10,000 =	$16.38
Seguro	420,000.00 x 0.0575 + 450 + 15%/ 1,000 =	$28.29
Almacenaje	45,000.00/ 10,000 =	$4.50
COSTOS DE PROPIEDAD =		**$91.17**
Combustible	106.00 x 0,10875 x 9.45 =	$108.93
Aceite motor	8.5 + 10 % x 31.25 / 150 =	$1.95
Aceite transmisión	75.7 + 10% x 28.90 / 1,000=	$2.40
Grasa lubricante	18.00 x 0.015 x 22.00 / 8 =	$0.74
Filtro aceite motor	1.00 x 213.00 / 150 =	$1.42
Filtro de combustible	2.00 x 198.00/ 350=	$1.13
Filtro aceite hidráulico	1.00 x 613 / 1,000=	$0.61
Filtro de aire	1.00 x 215.00/ 500=	$0.43
Filtro de aire	1.00x 179,00/ 1,000 =	$0.17
Llantas traseras	6 x 6,280.00 / 10,000 =	$3.76
Llanta delantera	6x1,150/10,000=	$0.69
Cámaras traseras	6 x 415.00 / 10,000=	$0.24
Cámara delanteras	6 x 378.00 / 10,000 =	$0.22

Rep. / Ref. / M de O	420,000.00 x 0.80 / 10,000=	$33.60
Administración	420,000.00 x 0.30 / 10, 000 =	$12.60
Salario Tractorista	300.00 / 8=	$37.50
COSTOS DE OPERACIÓN =		**$204.95**

Para complementar los costos por hora del tractor como fuente de potencias se deberán agregar los costos por hora de la herramienta de labranza mediante la cual se realizar el trabajo de campo correspondiente. Para el caso que nos ocupa es un arado de discos de 28 pulgadas de diámetro, reversible y valor de $ 73,500.00 pesos

Arado de discos de 28 pulgadas de diámetro, reversible, y valor de $ 73,500.00 pesos		
Concepto y /o material	Formula	Costo por hora
Amortización	73 500,00 / 2 000 =	$36,75
Intereses	73 500,00 x 0,39 / 2 000 =	$14,33
Seguro	73 500,00 x 0,0575 + 450+15 % / 250 =	$21,51
Almacenaje	25 000,00 / 2 000 =	$12,50
COSTOS DE PROPIEDAD =		**$85,09**
Grasa lubricante	19 x 0,015 x 22,00 / 8 =	$0,78
Rep. / Ref. / M de O	73,500x0.80/2,000=	$29,40
Administración	73 500,00 x 0,30 / 2 000=	$11,02
COSTOS DE OPERACIÓN =		**$41,02**

Calculo de los costos por hectárea labor

Con los costos por hora calculados tanto del tractor como del arado se dispone ya de los elementos necesarios para obtener los costos por hectárea en la aradura de discos. A fin de poder calcular los costos por hectárea labor se deberán atender las recomendaciones que se hacen en seguida.

Verificar en la tabla de operación de campo antes mostrada lo correspondiente al avance del tractor en kilómetros por hora para la aradura de discos. Según los datos en la tabla la velocidad adecuada para realizar el trabajo de aradura, en kilómetros por hora del tractor, es de entre 4,5 a 7,5 km/h; para el caso que nos ocupa se tomara como velocidad promedio la de 7,0 km/h, y un ancho de corte total del arado de 1,18m. Como corte total del arado es el que se calcula conforme al procedimiento que se muestra.

28 pulgadas es el diámetro de cada uno de los discos, por lo tanto:

28 x 2,54 = 71,12 cm,
luego la tercera parte de su diámetro = a 71,12 / 3 = a 23,70 cm =>
23,70 x 5 = 118,5 cm, por lo tanto es 118,5 / 100 cm = a 1,185m.

Los arados de discos, a diferencia de los otros arados que ya antes se discutieron, cuentan con la facilidad de que se realicen ajusten en el control maestro del conjunto de discos ubicado en la parte superior del implemento. De tal forma que del corte total de 118,5 cm, se puede ampliar o reducir en más o menos 10 cm, tanto hacia arriba como hacia abajo, este ajuste enfrenta en mayor o menor medida el filo de los discos con la pared de surco haciéndolo más agresivo o menos agresivo al mismo tiempo que se amplía o se reduce el ancho de corte total en el arado.

Costo por hectárea de aradura

Los costos por hectárea labor en aradura de discos se obtienen un vez que se realizan la sumatorias de los apartados correspondientes de:

a) Σ del costo por hora del tractor
b) Σ del costo por hora del arado
c) Eficiencia de campo desarrollada en aradura de discos. (O cualquiera otra labor que se esté desarrollando)

Para la secuencia de cálculos tomada como ejemplo se tiene:

Costo hora tractor de propiedad $ 91,17 más costo de operación $204,95 = $ 299,19

Costo hora arado de propiedad $ 85,09 mas costo de operación $ 42,00 = $ 127,09

TOTAL COSTO = $ 426,28

Luego, se tiene como eficiencia teórica de campo en labor de aradura de discos lo siguiente:

Velocidad promedio del tractor = 7,0 kilómetros por hora

Ancho promedio de corte del arado = 1,18 m => 1,18 x 7,0 / 10= 0,826 hectáreas por hora en eficiencia teórica de campo

En consecuencia, el costo por hora de labor en aradura de discos es igual a:

$ 426,28 / 0,826 ETC = $ 516,07 pesos de costo total para la labor de aradura con discos.

Entonces, con un costo total estimado entre el tractor y el implemento de cuatrocientos de veintiséis pesos con veintiocho centavos, y una eficiencia teórica de campo de ocho mil doscientos sesenta metros cuadrados, se obtuvo un costo por hectárea labor en aradura de discos de: quinientos diez y seis pesos con siete centavos.

Como se ha podido observar los costos por hectárea labor, cualquiera que sea esta, se encuentran fuertemente asociados a la eficiencia de campo. La eficiencia de campo, al mismo tiempo, depende de la velocidad de avance de la maquina, trátese de un tractor o de una cosechadora combinada. La maquina depende también de las condiciones de campo, como la dureza del suelo, la pendiente del terreno, el estado del suelo respecto a la humedad, residuos de cosecha o pedregoso, el estado que guarda la cosecha tratándose de combinadas, y la destreza del tractorista, por mencionar solamente algunas de las condiciones mas importantes. Ahora bien, lo fundamental es poder diferenciar entre la eficiencia de campo que se desarrollada por medio de métodos tractorizados y la eficiencia de campo que se desarrolla por otros medios como la tecnología tradicional, es decir, mediante el empleo de fuerza humana y de la fuerza animal.

Las maquinas agrícolas depende casi totalmente del motor de combustión interna para operar y estos son completamente dependientes de combustibles destilados del petróleo. Situación que los hace altamente competitivos frente a otros tipos de fuerza, toda vez que la conversión que realiza de las calorías contenidas en el combustible es instantánea a energía cinética. Por lo tanto, disponiendo de combustible suficiente, el motor realizara su trabajo de forma rápida y sostenida por periodos de tiempo indefinido.

Sin embargo los seres vivientes no disponen de ese privilegio, puesto que la manera de llevar a efecto la conversión de las calorías contenidas en los productos que les sirven de alimento es a través de un lento camino para su asimilación según su metabolismo.

Por lo que se puede decir que el hombre normalmente realiza su trabajo a razón de más o menos entre7 y 10 kilográmetros por segundo, con una variación que va desde los cinco kilográmetros a 1,10 metros por segundo sobre una manivela y hasta alrededor de los sesenta y cuatro kilográmetros a 0,15 metros por segundo al operar los pedales de una noria de paletas con su propio peso. Pero en el caso de realizar un trabajo de manera continuada, el hombre es capaz de producir alrededor de los ocho kilográmetros por segundo, lo cual equivale a 0,1 CV (Caballo métrico). Por lo tanto la fuerza media que puede ser ejercida normalmente por el hombre es igual a la décima parte de su propio peso. Sin embargo, dado el caso que sean varios los hombres que se encuentren trabajando juntos en hilera, la fuerza desarrollada por cada uno de ellos tendera a disminuir ligeramente puesto que la fuerza total desarrollada estará determinada por el trabajador más lento y menos fuerte de la hilera.

Ahora bien, en tanto que el hombre como generador de fuerza de trabajo es caso especial para la producción de cosechas, las bestias de trabajo no representan dificultad alguna puesto que es suficiente con trasladar el apartado que ocupan dentro de la explotación agrícola a uno de los formatos empleados para determinar los costos por hora de las maquinas agrícolas, y definir a través de ese instrumento el valor de la fuerza animal.

Con respecto a la fuerza del ser humano es otra cosa, el asunto es cómo deberá ser valorada para obtener su justo precio. Cotidianamente se observan casos en zonas rurales con salarios mínimos dispares. Recordemos que la Comisión Nacional de los Salarios Mínimos establece el límite mínimo al que se puede pagar una jornada de trabajo, en Octubre de 2007, fecha en que se elaboró el estudio de apoyo a este texto, el salario era de 48 pesos por día, es decir jornada de 8 horas de trabajo, pero se encontró que en la misma zona rural se pagaba la jornada de trabajo entre los $125 y $150 diarios. Existiendo variaciones entre los mínimos y máximos de esos salarios, lo cual es motivado principalmente por la distancia que media entre un rancho a otro dentro de la misma comunidad. Ahora bien el Salario Mínimos es una fuente de referencia en tantos no se sesgue. Así las cosas el valor real de la mano de obra deberá buscarse mediante otros instrumentos tratando en todo momento de ser muy objetivos e imparciales.

Entonces para disponer de un marco de referencia confiable para lograr establecer a nivel de explotación agrícola el valor de la mano de obra se considero adecuado obtener la información a través de las dos fuentes oficiales que norman los salarios. Una de las fuentes es la Ley Federal del Trabajo la otra es la Ley de Instituto Mexicano de Seguro Social (IMSS). En la ley del IMSS, específicamente en las secciones quinta y sexta y en los artículos 142, 154, 162 y 170 se obtuvo el referente de los costos por hora mostrados en seguida

Cabe señalar que, sobre todo en la ley del IMSS, el valor de la vida para un hombre esta cuantificada en $ 110 250 pesos (2007) y una vida útil estimada 13,400 horas

COSTO POR HORA DE TECNOLOGÍA TRADICIONAL

Peón de campo con valor de $ 110 250,00 pesos		
Concepto y/o material	Formula	Costo por hora
Amortización	110,250/13,400=	$8,22
Intereses	110,250x0.39/13,400=	$3,20
Seguro	110 250 X 0,0575 + 400 + 15% / 292=	$26,54

Vivienda	192 500,00 / 13 140 =	$14,64
COSTOS DE PROPIEDAD =		**$52,32**
Alimentación	149,37 / 48 =	$3,11
Ropa Calzado	1 622,50 / 292=	$5,55
Medico y medicinas	110,250x0.30/13,400=	$2,46
Administración	110 250,00 X 0,30 / 13 140 =	$2,51
COSTO DE OPERACIÓN =		**$17,70**

Los cálculos se realizaron en base a un peón de campo con 1.69 mt de estatura y de 70 kg de peso.

El gasto en calorías por hora se calculo en 262,09 que es igual a 0.4 HP por minuto.

El valor de la vida se calculo de conformidad con la ley del IMSS, en $ 110 250,00 pesos.

COSTO POR HORA DE TECNOLOGÍA TRADICIONAL

Caballo de 450 kilos de peso y un valor de $ 850,00 pesos		
Concepto y/o material	Formula	Costo por hora
Amortización	850,00 / 2 000 =	$0,42
Intereses	850,00 X 0,39 / 2 000 =	$0,16
Seguro	850,00 X 0,0575 + 400 + 15% / 250 =	$2,06
Caballeriza	12 000.00 / 2 000 =	$6,00
COSTOS DE PROPIEDAD =		**$8,64**
Forraje	17,50 / 8 =	$2,18
Agua	40,00 X 0,055 / 8 =	$0,27
Herraduras	108,00 / 250 =	$0,43
Vacunas	370,00 / 250 =	$1,48
Veterinario	850,00 X 0,80 / 2 000 =	$0,34

Administración	850,00 X 0,30 / 2 000 =	$0,12
Salario peón	150/8=	$18,75
COSTO DE OPERACIÓN =		**$15,50**

APEROS Y HERRAMIENTAS

Incluidos: Arados doble vertedera, collera, balancín, palotes, cadenas. Valor $1 191,30 pesos		
Concepto y/o material	Formula	Costo por hora
Amortización	1 191,30 / 2 000 =	$0,59
Intereses	1 191,30 X 0,39 / 2 000 =	$0,23
Seguro	1 191,30 X 0,0575 + 400 + 15 % / 250 =	$2,25
Almacenaje	4 500,00 / 2 000 =	$2,25
COSTOS DE PROPIEDAD =		**$5,22**
Arado doble vertedera	855,00 / 2 000 =	$0,43
Collera	171,10 / 2 000 =	$0,085
Balancín	51,92 / 2 000 =	$0,025
Palotes	54,28 / 2 000 =	$0,027
Cadenas	59,00 / 2 000 =	$0,029
COSTO DE OPERACIÓN =		**$0,59**

Los costos totales combinados de tecnología tradicional, trabajando en escardar un cultivo para zona de temporal, donde se incluyen la fuerza humana, la fuerza animal, y los aperos de labranza esta dando:

Fuerza humana = costos de propiedad $52,60 costos de operación $17,70

Más bestia de trabajo = costos de propiedad $ 8,64, costos de operación $15,50

Más herramientas de labranza = costos de propiedad $5,22, costos de operación $ 0,593

Total Costos combinados en los tres rubros = =$99,95

Ahora bien para finalizar los cálculos de costos por hora de tecnología tradicional. Supóngase la escarda de una parcela sembrada con frijol de temporal. A fin de realizar el trabajo intervienen: el peón de campo, el caballo y los aperos necesarios de escarda.

Entonces, el ancho de corte de la escardadora de doble vertedera es de 0,20 mt, la velocidad promedio desarrollada por el caballo es de 3,0 kilómetros por hora; la velocidad promedio de un caballo en trabajo de campo se mide entre los 0,7 y 1,0 mt/s. En consecuencia, se tiene como velocidad estimada de 3,0 kilómetros por hora y un ancho de corte de 20 cm =>0,20 x 3 / 10 =0,06 ha/h

Por lo tanto el costo total combinado de fuerza animal y aperos de labranza Es de $99,95/0,06=$1665,83 la hectárea labor de escarda empleando tecnología tradicional.

Al terminar este ejercicio se constata que el costo por hectárea labor son dos los factores que intervienen en su determinación, la velocidad desarrollada por el móvil responsable de proporcionar la fuerza de trabajo y el ancho de corte alcanzado por la herramienta que se está empleando para labrar la tierra. Entonces ambos factores son los que determinan la eficiencia de campo y por ende los costos por hectárea labor.

Lo que a fin de cuentas establece la rentabilidad de cualquier empresa dedicada a producir bienes de consumo dentro del sector primario.

Capítulo Final

EL FUTURO DE LA AGRICULTURA

Ignacio Alfredo Abarca Vargas
Eric Abarca González

COMO PARTE FINAL DE ESTE texto sobre la mecanización del campo es conveniente establecer algunos puntos que se refieren al futuro de la agricultura como tal. Las actividades agrícolas son fundamentales para la vida del hombre. Se refieren ni más ni menos que a todas las actividades tendientes a producir los alimentos, e inclusive algunas fitomedicinas, necesarios para la vida. Desde los alimentos para el ser humano así como los alimentos para los animales que eventualmente serán alimento humano. Por lo tanto el futuro de la agricultura dependerá de una serie de decisiones tendientes a fortalecer el papel social básico de esta actividad.

En 1950 la población mundial era de 2 500 millones de habitantes. En 2011 esa población casi se triplico, alcanzando la cifra de los 7 000 millones y se estima que para el año 2050 será de 9 150 millones. Cifras apabullantes y difíciles de captar en toda su magnitud. Sobre todo porque estamos atravesando por momentos muy difíciles en el ámbito económico, pero que no se compararán con los que enfrentaremos en lo social, ambiental, energía, y por supuesto en el campo de la alimentación. Según estadísticas de la FAO, en 1950 existían 0,5 ha de tierra cultivable por persona, pero para el 2020 será de apenas 0,2 ha. Reducción enorme si consideramos que la población crece y entonces en la poca tierra cultivable que exista se tendrá que producir más del doble de lo que se producía antes.

A los problemas de desertificación, agotamiento y esterilidad de muchas de las superficies agrícolas, debemos sumar el grave problema del agua dulce. Tenemos la idea errónea de que el 70 % de la superficie de la tierra es agua. Pero resulta que de esa cantidad, el 97,5 % es agua salada. Y tan solo 2,5 % es dulce. Pero solo el 1 % de esta es consumible debido a que el resto se encuentra en los glaciares, es humedad del suelo o se encuentra en mantos acuíferos profundos e inaccesibles. Según evaluaciones recientes realizadas por el USGS (Servicio Geológico de los Estados Unidos) el total de agua disponible para el hombre es de apenas 93 000 km^3. Cantidad bastante escasa, sobre todo si consideramos que la agricultura utiliza el 70 % (65 000 km^3)de toda esa cantidad para la producción de alimentos. La FAO estima que para el 2030, uno de cada cinco países en vías de desarrollo tendrá problemas de escasez.

Por lo que se refiere al suelo, nuestro país día a día pierde terrenos fértiles, zonas boscosas y consecuentemente biodiversidad (que es nada más ni nada menos que la base de la vida). En el periodo 2005-2010 se perdieron más de 155 mil hectáreas anuales de vegetación. Hasta 2011, 28.7 por ciento del territorio nacional había perdido sus ecosistemas naturales y el restante 71.3 los mantenía con diferentes grados de conservación. La preocupación desde luego es enorme y justificada, el hombre y sus actividades hoy más que nunca están acelerando la degradación de los recursos naturales: agua, suelo y aire. En el seno de la Organización de Naciones Unidades se ha creado la Plataforma Intergubernamental Científico-normativa sobre Diversidad Biológica y Servicios de los Ecosistemas (IPBES, por sus siglas en ingles), a fin de emitir recomendaciones concretas, vinculando a la comunidad científica, la sociedad y sus gobiernos para la atención preeminente acerca de la diversidad biológica, su deterioro, las repercusiones y los mejores modos de frenarla y remediarla. En el año 2013 la Plataforma estaba integrada por 105 Estados miembros.

Así las cosas, necesitaremos aumentar la producción actual de alimentos, pero, ¿Como alimentaremos a una población que crece sin parar y con recursos naturales cada ves más limitados, en donde muchos de ellos están desgastados, agotados o contaminados?

La respuesta es que, simplemente no se logrará del modo en que actualmente se viene haciendo la agricultura. Tendrá que venir de la mano de la Investigación y de nuevas técnicas y tecnologías. En estos momentos de la historia de la humanidad y del planeta es preciso que los profesionales, estudiosos y el hombre común asuman una mayor conciencia y responsabilidad en torno a la huella marcada sobre nuestra casa común, la única casa que tenemos y que solo nos ha sido prestada pues deberemos legarla a las siguientes generaciones, la tierra es única y estamos acabando con ella, con sus recursos y con la posibilidad de sostener la vida de todas las especies vivientes.

"Reconociendo que la tierra es un recurso finito, tenemos que ser más eficientes en la forma en que producimos, suministramos y consumimos nuestros productos con base en la tierra.
Tenemos que ser capaces de definir y cumplir con los límites dentro de los cuales el mundo puede tener una operación segura para salvar millones de hectáreas para el año 2050 ", Achim Steiner, Director Ejecutivo de la UNEP, en "Assessing Global Land Use: Balancing Consumption with Sustainable Supply", ONU, UNEP, 2014.

Así que este libro ha de terminar en el punto de inflexión hacia una nueva agricultura o deberíamos decir de la "agricultura del futuro" en donde abran de confluir la técnica ancestral con las tecnologías de la era espacial. Donde se producirá con mayor eficiencia y eficacia. Donde la maquinaría agrícola como la conocemos se complementará con dispositivos inteligentes que harán un uso más racional del agua, selectivos en la aplicación de agroquímicos, "sensibles" a las etapas y condiciones de cada cultivo en cada predio en particular. Y cuando hablamos de "sensibilidad" empleamos el término en un sentido tecnológico de la era espacial. Nos referimos a la reciente tecnología de la "percepción remota" como el pilar de la "Agricultura de Precisión".

En este capítulo final bosquejaremos lo que podemos considerar como la tecnología agrícola del futuro. Por primera vez en la historia de la agricultura se están empleando cotidianamente en diferentes regiones del mundo la información satelital. En algunas regiones de Europa, los Estados Unidos de Norteamérica, Argentina, Brasil, la agricultura de precisión ha ido estructurándose en un cuerpo tecnológico cada vez mas accesible a los productores agrícolas; ha pasado de los campos experimentales al terreno de la práctica agrícola cotidiana. Cada vez más los fabricantes de maquinaria agrícola incorporan dispositivos inteligentes a sus equipos para el mercado. Poco a poco van surgiendo fabricantes de otros dispositivos inteligentes para adaptarse a los equipos de riego, por ejemplo, o de aplicación de agroquímicos. En las próximas líneas habremos de dar cuenta somera y describiremos esa nuevas tecnologías de la Agricultura de Precisión.

Para formular una estrategia cada vez más eficaz, un agricultor necesita saber tres cosas: (1) que las condiciones son relativamente estables durante el período de crecimiento, (2) qué condiciones cambian continuamente durante el crecimiento, y (3) información para diagnosticar por qué su cosecha está prosperando en algunas partes del campo y luchando o aún muriendo, en otras. Cada vez más los productores están usando la información recogida por los sensores remotos de aviones y satélites para ayudar a recopilar este tipo de información.

El concepto de agricultura de precisión está asociado invariablemente a la utilización de equipos de alta tecnología y una manera diferente de gestionar los factores de la producción (fertilizantes, agua, semillas, herbicidas, etc.) mediante el uso de la Tecnología de Dosis Variable.

El ciclo tecnológico empieza con la recogida de datos significativos del predio utilizando una variedad de instrumentos tales como GPS, cámaras de imagen UV, imágenes de satélite, datos y resultados de muestreo agrícola. Toda esa información se captura, organiza y utiliza mediante un programa de computadora conocido como GIS. El GIS son las siglas en ingles de Geographical Information System, o Sistema de Información Geográfica. El poder de este tipo de programa informático es el de geo-referenciar los datos que se le suministran. Es decir, que los datos ocuparán un lugar específico y determinado en función de la posición geográfica de donde se obtuvieron.

Para exponerlo brevemente: dado un mapa de una zona o región, los datos (condiciones del suelo, condiciones topográficas, condiciones meteorológicas, etc.) ocuparán una posición (meta dato) concreta en el mapa. Los datos se organizan en capas de información sobrepuestas al mapa base. De tal suerte que en un momento dado podremos visualizar solamente los datos requeridos, mientras que el resto de los datos permanecerán ocultos. O podemos ver todas las "capas" al mismo tiempo diferenciadas por colores, en donde toda esa información invariablemente ocupara su sitio con base en su referencia geográfica y el empleo de símbolos tales como los empleados en la cartografia.

Imagine por un momento el poder de la información que se tiene en un sistema GIS. Tendremos un mapa base del predio, con sus linderos geográficamente delimitados. Este mapa base nos mostrará también las zonas aledañas en la amplitud y detalle que necesitemos. Podremos visualizar el perfil topográfico del predio elaborado a partir de los datos de muestreo que realizamos previo al ciclo agrícola. Y ese perfil lo actualizaremos anualmente o cuando sea necesario, de tal suerte que contaremos con una base de datos que nos permitirá realizar pronósticos más acertados.

En este mapa base podremos señalar pozos de agua, canales de riego, vías de escurrimiento, etc. Y año con año, o cuando lo determinemos, actualizaremos esta información. En otra capa dispondremos, por ejemplo, de los resultados de laboratorio del suelo y sus puntos de muestreo. Y de nuevo, año con año agregaremos los nuevos resultados. En otra capa pondremos las condiciones de humedad, los datos meteorológicos que obtenemos de una estación meteorológica ubicada en un lugar conveniente en el predio o cercano. La estación envía la información obtenida mediante señales de radio o Internet.

Ha llegado el momento de preparar la siembra.

Si el programa GIS del que se dispone cuenta con una aplicación diseñada específicamente para la agricultura podremos visualizar las condiciones reales del predio y en base a ellas tomar las decisiones adecuadas para la siembra. Podemos visualizar en nuestro mapa las condiciones del terreno y si estas son las adecuadas para el o los cultivos que pretendemos sembrar. Si no lo son, a través de los datos almacenados en la base de datos del GIS, estamos en la posibilidad de determinar que acciones tomar para tener a punto el terreno.

Conforme el ciclo productivo avanza obtenemos más datos que vamos agregando a la base de datos GIS.

Y de esta manera "visualizar" convenientemente las condiciones del ciclo para determinar el momento más adecuado para los riegos, la cantidad a regar, las zonas donde se requiere más agua; la fertilización, las áreas en donde se requiere más o menos cantidad, el momento más apropiado para hacerlo; la aplicación de agroquímicos de protección, la zona de cultivo en donde se requiere por algún brote de infestación, la cantidad y tipo de agroquímico. Esto describe la utilización de los datos almacenados en el programa GIS a través del módulo de aplicación informático apropiado y su uso en la denominada Tecnología de Tasa Variable. Al final del ciclo tendremos la cosecha, que esperamos sea de un mejor rendimiento que la anterior a un menor costo y con menores desperdicios en los insumos utilizados.

Un completo programa o aplicación de gestión agrícola contará con un módulo de costos y precios de venta, de tal suerte que actualizándolo oportunamente tendremos el costo real de producción y el valor de mercado de esta manera con el paso del tiempo y un conveniente mantenimiento al sistema y sus bases de datos podremos planear y producir cosechas aprovechando al máximo los insumos, desperdiciando menos recursos como el agua y utilizando más racionalmente los agroquímicos.

Las consecuencias de una mejor gestión agrícola son obvias: menor contaminación de los mantos freáticos, al tener menores lixiviaciones de fertilizantes puesto que solo utilizamos los estrictamente necesarios y allí donde se necesitan. Un gasto racional en agroquímicos, puesto que solo se aplicarán en aquellas zonas donde se necesitan y en la cantidad necesaria

En consecuencia, la producción que se obtendrá tendrá un mejor rendimiento que mediante los métodos convencionales, una menor contaminación atmosférica por un uso más racional de agroquímicos, un menor desperdicio de agua o mejor aprovechamiento, puesto que solamente usaremos la necesaria y en aquellas zonas donde se necesita (evitando en consecuencia el estrés hídrico) reflejándose en hojas más verdes.

Veamos con un poco más de detalle los componentes de la Agricultura de Precisión: el Sistema de Información Geográfica o GIS; el Sistema de Posicionamiento Global o GPS; Sensores y Actuadores; Software o Aplicación Informática para la gestión de datos GIS, vinculados a parámetros y criterios de rendimiento.

El Sistema de Información Geográfica (GIS, por su acrónimo en ingles), es todo un sistema informático para: capturar, almacenar, manipular, analizar, gestionar y presentar todo tipo de datos geográficos. La primera referencia a este nombre se debe a Roger Tomlynson, en 1968, a través de su ensayo "Un Sistema de Información Geográfica para la Planeación Regional". A Tomlynson se le considera com el padre del GIS.

En otros términos, el GIS es la fusión de cartografía, análisis estadístico y tecnologías computacionales. Este sistema manipula digitalmente áreas espaciales para diferentes propósitos: jurisdiccionales, tales como los límites y demarcaciones territoriales de un municipio, estado, nación, propiedad privada o comunal, etc.; o para aplicaciones específicas como a la que nos referimos, o bien comerciales y de mercado, como densidad poblacional, patrones de consumo, patrones demográficos, etc. Generalmente los programas GIS se diseñan para un propósito, aunque también los hay aquellos en donde el usuario puede configurarlo para sus necesidades, gusto y finalidad. Cabe señalar que la inter-operabilidad de un programa para un fin, por ejemplo territorial, no necesariamente puede funcionar para un propósito mercadológico o demográfico.

Lo fundamental del GIS es el concepto de infraestructura de datos espaciales. En general podemos entender este concepto amplio como un sistema que integra, almacena, edita, analiza, comparte y muestra información geográfica para la toma de decisiones. Luego entonces las herramientas GIS le permite al usuario desarrollar consultas interactivas, analizar la información geospacial, editar los datos en mapas y mostrar todas estas operaciones.

Un ejemplo que ilustra el uso de datos geospaciales es el análisis espacial en la epidemia de cólera que afecto el distrito del Soho en Londres, en 1854.

El pionero de la epidemiología, el Dr. John Snow representó con puntos los casos de cólera y con cruces los pozos de agua de donde bebían los enfermos. En este protoGIS el Dr. Snow pudo determinar fácilmente que un pozo de agua contaminado era el causante de la epidemia. Lo realizo manualmente. Hoy día esto se efectuá mediante programas GIS a una velocidad muy superior y en poco tiempo.

Los sistemas actuales GIS hacen uso de la información digital. El método más común es la digitalización, por ejemplo de un mapa topográfico, que se transfiere a un medio digital empleando un programa CAD (Diseño Asistido por Computadora) y complejos algoritmos de geo-referenciación (asignación de coordenadas de mapa a una imágen). Además de emplear alguna de las opciones disponibles de software para imágenes orto-rectificadas.

Este proceso inicia con imágenes tomadas por un satélite o a través de fotografía aérea. Luego se remueven los errores o distorsión geométrica causados por la orientación de la cámara o del sensor, el desplazamiento debido al relieve y los errores sistemáticos asociados a la imagen. Esta corrección también incluye la corrección de la geo-referenciación. Las imágenes orto-rectificadas representan los objetos del terreno en sus verdaderas coordenadas X,Y, Z, ya que son imágenes planimétricamente correctas, por lo tanto son imágenes ideales del "mundo real". Utiliza la ubicación espacio-temporal (espacio-tiempo) como la variable clave para toda la información. El GIS puede relacionar la información no relacionada, mediante la ubicación como variable índice clave. La clave es la ubicación y/o el alcance en el espacio-tiempo.

A grandes rasgos esto es un GIS. Y estas son algunas de las cuestiones que se pueden resolver mediante el sistema:

1. **Localización**: preguntar por las características de un lugar concreto.
2. **Condición**: el cumplimiento o no de unas condiciones impuestas al sistema.
3. **Tendencia**: comparación entre situaciones temporales o espaciales distintas de alguna característica.
4. **Rutas**: cálculo de rutas óptimas entre dos o más puntos.

5. **Pautas**: detección de pautas espaciales.
6. **Modelos**: generación de modelos a partir de fenómenos o actuaciones simuladas.

Como hemos visto el SIG nutre sus bases de datos a partir de dispositivos e información distinta. El dispositivo principal de alimentación es el GPS (Sistema de Posicionamiento Global). El dato geográfico tomado a través del GPS se vincula con los demás datos, por ejemplo, las condiciones del suelo en un punto específico; las condiciones de una fuente de agua (ojo de agua, pozo, etc.).

Un GPS es un sistema de navegación por satélite que permite determinar la posición de un objeto con una precisión de metros, centímetros si se emplea un GPS Diferencial. El sistema lo constituyen 24 satélites orbitando la tierra a 20 200 km con trayectorias sincronizadas. El dispositivo receptor, al momento de desear determinar la posición, localizá por lo menos 3 satélites. De ellos recibe señales identificando a cada uno así como la hora de cada reloj. Con estas señales el GPS receptor sincroniza su reloj y calcula el tiempo que tardan en llegar las señales de cada uno de los satélites recibidos.

Usualmente un GPS portatil o de mano recibe por lo menos 6 satélites en diferentes grados de intensidad de la señal. Con base en estas señales mide la distancia a los satélites mediante triangulación (método de trilateración inversa), lo cual se basa en determinar la distancia de cada satélite respecto del punto de medición. Conocidas las distancias, fácilmente se determina la propia posición con respecto a la señal que se recibe de los satélites. Conociendo las coordenadas de cada uno de ellos por la señal emitida, se obtiene la posición absoluta o coordenadas reales del punto de medición.

El primer método empleado para estos propósitos fue el Ruso utilizado para monitorizar el satélite Sputnik 1, en el año de 1957, mediante el efecto Doppler de la señal que transmitía. El sistema actual lo desarrolló, instaló y opera el Departamento de Defensa de los Estados Unidos. Las señales que reciben los GPS comerciales son de uso civil.

El funcionamiento del receptor GPS es como sigue:

La información que le es útil para determinar su posición se llama efemérides. Cada satélite emite sus propias efemérides, en la que se incluye la salud del satélite (si debe o no ser considerado para la toma de la posición), su posición en el espacio, su hora atómica, información doppler, etc.

Entonces mediante la trilateración se determina la posición del receptor:

Cada satélite indica que el receptor se encuentra en un punto en la superficie de la esfera, con centro en el propio satélite y de radio la distancia total hasta el receptor.

Obteniendo información de dos satélites queda determinada una circunferencia que resulta cuando se intersectan las dos esferas en algún punto de la cual se encuentra el receptor.

Teniendo información de un cuarto satélite, se elimina el inconveniente de la falta de sincronización entre los relojes de los receptores GPS y los relojes de los satélites. Y es en este momento cuando el receptor GPS puede determinar una posición 3D exacta (latitud, longitud y altitud o X, Y, Z respectivamente).

Las aplicaciones civiles van desde la navegación terrestre, marítima y aérea; topografía y geodesia; en la construcción para la nivelación de terrenos, cortes de talud, tendido de tuberias, etc.; localización agrícola, ganadera y de fauna; salvamento y rescate; aplicaciones científicas (geomática) en trabajos de campo; navegación deportiva; deportes aéreos, etc.

Por cuanto se refiere a la agricultura de precisión, la aplicación de GPS nos permite, dada la diferencias del terreno en función de la variabilidad espacial presente, ya que la mayor parte de los predios son heterogéneos, la variabilidad espacial es la norma más que la excepción y nos permite elaborar el mapa de producción y cómo efectuar el muestreo y análisis del suelo.

Es ahora donde entran en juego otros dispositivos, técnicas, métodos para recoger la información pertinente. El primer concepto amplio es el de la tele-detección. Que incluye todo tipo de determinaciones hechas a distancia mediante fotografías aéreas o imágenes tomadas por satélite. Se emplean variados sensores, principalmente empleando la interacción de los objetos y la energía electromagnética. Cada tipo de sensor aprovecha al máximo la señal electromagnética del objeto en cuestión, ya sea el suelo, el agua, el medio ambiente en general, la propia planta, etc. Cada sensor y los datos que proporciona son objeto de una "corrección de los datos" para que sean útiles, confiables y sobre todo sean un reflejo real de la condición, situación y el objeto representado. Quizás el de mayor utilidad para la agricultura de precisión sea el que corresponde al "índice de vegetación".

Este indice es un algoritmo para cuantificar las concentraciones de vegetación de hoja verde. Para determinar la densidad de color verde sobre un pedazo de tierra, los investigadores deben observar los diferentes colores (longitudes de onda) de la luz visible e infrarroja cercana reflejada por las plantas. Cuando la luz solar incide sobre objetos, ciertas longitudes de onda de este espectro son absorbidos y otras longitudes de onda se reflejan. La clorofila en las hojas de las plantas absorbe fuertemente la luz visible (desde 0,4 hasta 0,7 micras) para su uso en la fotosíntesis. La estructura celular de las hojas, por otra parte, refleja fuertemente la luz del infrarrojo cercano (0,7 a 1,1 micras). Cuanto más hojas tiene una planta más se ven afectados las longitudes de onda de luz. Desde hace 20 años, científicos de la NOAA (*National Oceanic and Atmospheric Administration)* comenzaron a utilizar sensores remotos satelitales para medir y mapear la densidad de la vegetación verde sobre la Tierra, usando el Advanced Very High Resolution Radiometer (AVHRR).

A continuación, al combinar los índices de vegetación diarias en 8, 16 o 30 días, crean mapas detallados de la densidad de la vegetación verde de la Tierra que identifica en donde las plantas están creciendo y donde están bajo estrés (ejem. debido a la falta de agua).

Con los detectores de AVHRR, con 5 detectores, (dos de ellos sensibles a longitudes de onda de entre 0,55 a 0,70 y de 0,71 a 1,0 micrómetros) los investigadores pueden medir la intensidad de la luz que sale de la Tierra en longitudes de onda visibles y del infrarrojo cercano y cuantificar la capacidad fotosintética de la vegetación en un píxel dado (un pixel AVHRR es igual a 1 km cuadrado) de la superficie terrestre.

En general, si hay mucha más radiación reflejada en longitudes de onda del infrarrojo cercano que en longitudes de onda visibles, entonces, la vegetación en ese píxel es probable que sea densa y puede contener algún tipo de bosque. Si hay muy poca diferencia en la intensidad de longitudes de onda visibles y del infrarrojo cercano reflejada, entonces, la vegetación es probablemente escasa y puede consistir en praderas, tundra, o desierto. Casi todos los índices de vegetación satelitales emplean esta fórmula de diferenciación para cuantificar la densidad de crecimiento de las plantas en la tierra.

La radiación del infrarrojo cercano menos la radiación visible dividido por la radiación del infrarrojo cercano y radiación visible. El resultado de esta fórmula se llama el Índice de Vegetación de Diferencia Normalizada (NDVI). Hoy día este sistema está mejorado al combinarse con un sensor llamado Espectroradiómetro de Imágenes de Resolución Moderada o MODIS, que mejora en gran medida la capacidad para medir el crecimiento de las plantas en una escala global. Es decir, el MODIS proporciona una mayor resolución espacial (resolución de hasta 250 metros), a la vez que se combina con la cobertura global casi diaria del AVHRR y superar su resolución espectral. En otras palabras, MODIS proporciona imágenes a través de un píxel dado de la tierra tan a menudo como AVHRR, pero con mucho mayor detalle y con las mediciones en un mayor número de longitudes de onda usando detectores que fueron diseñados específicamente para las mediciones de la dinámica de la superficie terrestre.

A finales de 1970, los científicos encontraron que la fotosíntesis neta se relaciona directamente con la cantidad de radiación fotosintéticamente activa que las plantas absorben. En pocas palabras, entre más una planta está absorbiendo la luz solar visible (durante la temporada de crecimiento), cuanto más esta fotosíntezando y más está siendo productiva. Por el contrario, a menos luz solar la planta absorba, menos está fotosíntezando, y por tanto está siendo menos productiva.

Es por ello que esta tecnología es clave en la agricultura de precisión. Ahora, ademas de las imágenes de satélite que proporciona la NOOA, existen varias empresas que proporcionan a medida este tipo de imágenes para una zona o región determinada, bien sea periódicamente o anualmente. Pero no son la única manera de obtenerlas. En varios países, incluido el nuestro, hay compañías, principalmente fotogramétricas que cuentan con las cámaras y sensores apropiados para aviones tripulados.

Asimismo existen opciones para aviones no tripulados (UAV, por sus siglas en ingles), conocidos popularmente como drones. Una ventaja, además de lo que implica los costos de vuelo, es que este tipo de naves vuelan de forma autónoma sobre la base de planes de vuelo pre-programados usando sistemas más complejos de automatización dinámica y viajando con sensores a bordo. Los hay de diferentes tamaños, formas y configuraciones, por lo que son una opción viable para productores o grupos de productores de una zona o región. Además de que la periodicidad de sus vuelos para la toma de imágenes se puede hacer según las necesidades. Este tipo de naves ya cuentan con cámaras y sensores idénticos a la de los satélites pero a un menor tamaño y costo de adquisición; normalmente este tipo de dispositivos se encuentran calibrados igual que la de los satélites

Ahora bien, una vez que se ha elaborado el mapa base con los datos, el siguiente paso consiste en muestrear el suelo y carga los resultados en el programa. El muestreo de los suelos tiene que ver con las propiedades que influyen en la productividad.

Por lo tanto son cuatro las preguntas que deben contestarse apropiadamente: 1. qué propiedades debemos monitorear periódicamente y cada cuando; 2. cuáles métodos de muestreo debemos implementar; 3 cómo hemos de muestrear las malas hierbas; 4. cómo, cuando, y con que métodos debemos muestrear el o los cultivos durante la etapa de desarrollo.

Para estos aspectos existen desde las técnicas tradicionales de muestreo hasta las más modernas que emplean dispositivos electrónicos y sensores de última generación.

Lo fundamental es la continuidad y periodicidad del muestreo, además de obtener resultados confiables de laboratorio en los análisis. Es fundamental ya que la agricultura de precisión cimenta sus mejores resultados en bases de datos acumulativas que permitan establecer tendencias en el comportamiento de los factores de la producción. A mayor cantidad de datos confiables, periódicos y constantes se tendrán mejores resultados para tomar decisiones apropiadas.

Típicamente los sensores empleados en la agricultura de precisión consisten en: una tarjeta de sensores, diferentes tipos de sensores, una interfase de radio (por ejemplo Wifi o 3G), un programa o aplicación para almacenar, organizar y mostrar los datos.

Por ejemplo, un equipo para un predio pequeño podría consistir en lo siguiente. Una tarjeta de seis sensores para los parámetros: 1. humedad y temperatura, 2. Presión atmosférica, 3. Temperatura y humedad del suelo, 4. medidores de clima y pluviómetro, 5. humedad de la hoja, 6. radiación solar.

El programa que permita monitorizar múltiples parámetros ambientales para un amplio rango de aplicaciones, desde el anális del desarrollo en la etapa de crecimiento hasta las observaciones climatológicas. Este ejemplo es pequeño y puede contemplar hasta 15 sensores simultáneamente. La información y los datos periódicamente recibidos son almacenados en la base de datos correspondiente. Esta monitorización constante dentro de la agricultura de precisión sirve para conocer y determinar la variabilidad espacial y temporal de zonas específicas del predio, así como saber cuáles son zonas homogéneas.

Con toda esta información, el siguiente paso, la elaboración de mapas de producción, será mucho más fácil puesto que las principales variables productivas se conocen, así como se conoce la variabilidad y homogeneidad del predio. Que podemos observar visualmente dentro del programa de computadora GIS. Todo de manera ordenada y organizada en capas de información, de tal suerte que sobre el mapa base podremos ir "prendiendo" o "apagando" las capas de datos que van siendo necesarias para tomar decisiones ya que una de las ventajas y su poder reside en el relacionar datos aparentemente no relacionados.

La detección temprana de cualquier cambio en las condiciones de crecimiento es la clave para un buen manejo del cultivo. Aunque no exista ninguna coincidencia con las propias observaciones de primera mano del agricultor, ya que no es siempre posible examinar la totalidad de las tierras semanalmente. Además de cuidarse por plagas, así como de malezas e insectos, los agricultores también deben controlar variables como la humedad del suelo e incluso los brotes de enfermedades en las plantas.

Como hemos podido observar, el término "agricultura de precisión" se refiere a la utilización de un sistema de información y la tecnología para la gestión de un mismo campo de cultivos.
Básicamente significa poner la cantidad correcta de tratamiento en el momento adecuado y en el lugar correcto de un predio, esa es la parte de precisión.

Crítico para el éxito de la agricultura de precisión es el nuevo equipo sofisticado que está disponible comercialmente. Llamado "tecnología de tasa variable", hay dispositivos que se pueden montar en tractores y programarse para controlar la dispersión de agua y productos químicos en base a la información obtenida de los sensores remotos.

El concepto básico en todo ello es que a medida que crece una planta, toma bajo la luz solar, los nutrientes del suelo y el agua para construir las estructuras vegetales durante la fotosíntesis. Parte de la luz solar incidente es reflejada, mientras que parte es absorbida, ya sea utilizada para la fotosíntesis o convertida en calor. Los pequeños poros en las hojas de las plantas, llamados "estomas", se abren para permitir que las gotas de agua se evaporen, liberando así el calor. En cambio una planta que está bajo tensión no transpira bien y comienza a sobrecalentarse. En un cierto umbral de temperatura, las funciones internas de la planta comienzan a descomponerse. La planta comienza a marchitarse y cambiar su textura o la forma o el color, o en su totalidad por lo que existe la posibilidad de daños. Los sensores remotos pueden medir la temperatura de las plantas, o para ser más precisos, pueden medir la cantidad de energía que las plantas emiten en longitudes de onda del infrarrojo térmico del espectro.

Así que un sistema de detección a distancia óptima para la agricultura de precisión sería proporcionar datos tan a menudo como dos veces por semana para la programación de riego y una vez cada dos semanas para la detección general de daños a los cultivos. La resolución espacial de los datos debe ser tan alta como de 2 a 5 metros cuadrados por pixel con una precisión posicional menor a 2 metros. Además, los datos deben estar disponibles para el agricultor dentro de las 24 horas después de su adquisición. Todo ello entonces es el concepto, visto someramente, de la agricultura de precisión.

Gracias a la unión de los datos de teledetección con herramientas de software de GIS y GPS, y con tecnologías de tasa variable en la maquinaria agrícola, los agricultores ya no tienen que tratar a un campo de cultivos como una unidad homogénea.

En el pasado, la antigua forma de hacer negocios fue sembrar un cultivo y luego aplicar fertilizante uniformemente a través de todo el campo. Pero ahora se caracterizan las zonas dentro del campo para poder optimizar los insumos que se necesitan para esa zona de acuerdo a lo que requiere para producir el cultivo. Si se limitan los insumos como fertilizantes, semillas, agua, pesticidas o herbicidas a entregas específicas y cuánto se necesita, entonces se está poniendo menos en el predio. Así que el costo es menor y se ahorra energía, se desperdicia menos y, sobre todo y lo más importante, puede significar menores residuos químicos a tener un impacto negativo sobre el medio ambiente, en consecuencia significa mejor ganancia.

Por eso hemos titulado este capítulo final como Agricultura del Futuro, o en un juego de palabras, como el futuro de la agricultura. Como este libro refiere la manera usual y tradicional de aplicar la mecanización al campo tomando consideraciones económicas, de rentabilidad y eficiencia, en este capítulo hemos querido marcar el punto de inflexión sobre aquellas consideraciones y agregarle el de protección al medio ambiente. Una consideración que día a día va adquiriendo mayor relevancia, atención y cuidado. A inicios de este siglo XXI la sociedad mundial observa como se van deteriorando las condiciones ambientales y si los profesionales, como en este caso, de las ciencias agrícolas no actúan, sin ser catastrofistas, la alimentación de la sociedad en su conjunto peligra.

Literatura Citada

ABARCA, I.A. (2007) Labranza tractorizada y tradicional. Colección textos para licenciatura, Editorial Universitaria, ISBN 978970271312-8 Universidad de Guadalajara, México.

ABARCA, I.A.. (2005). Métodos de labranza tractorizados: Tres ciclos primavera verano en investigación de campo para obtener resultados en eficiencia y costos del cultivo en frijol temporal en la zona centro de Jalisco. Tesis de Doctorado, SEP-INDAUTOR 03-2006-050815520600-01, Universidad de Guadalajara.

----------------2002. Costos de cultivo en frijol de temporal. Parcela exploratoria, informe de resultados, CUCBA, Universidad de Guadalajara.

----------------2000. Labranza alternativa con arado de cinceles en el cultivo del maíz temporal. Resultados de investigación, semana de investigación científica, México, 11/15/00 CUCBA, Universidad de Guadalajara.

----------------1982. Apuntes complementarios para los sistemas del motor diésel. SARH-DGDUT, Subdirección de Apoyo Sectorial. México.

AGUIRRE, J.A. 1985. Introducción a la evaluación económica y financiera de inversiones agropecuarias. Instituto Interamericano de Cooperación para la Agricultura, San José Costa Rica

ALMADA, B.H. (sin fecha) Valoración agrícola. Texto escrito para la asignatura "Valoración Agrícola", Escuela Superior de Agricultura Hermanos Escobar, Apartado 833, Editorial "El Labrador", Ciudad Juárez, Chih,

ASHBURNER, E.J., BRIAN, G.S. 1984. Elementos de diseño del tractor y herramientas de labranza. ISBN 92-9039-058-1 Instituto de Cooperación para la Agricultura, San José Costa Rica

BANCOK, G. BAXTER, R.E. 1997. Diccionario de economía. Trillas, México

BAVER, L.D. WALTER, H.G 1980. Física de suelos. Unión Tipográfica Editorial Hispano Americana, México

BENSON, H. 1991. University physics, John Wiley & sons, USA

BOWERS, W. 1977. FMO Manejo de Maquinarias, John Deere service publications dep. F, Road Moline, Illinois, 61265, USA

BREECE, E.H. 1975, FMO Siembra. John Deere service publications dep. F, Road Moline, Illinois, USA

BOTAS, H.A. 2001. Ley del Seguro Social. 2ª. Ediciones Luciana, México

BUCKINGAM, F. 1976, FMO Tractores. John Deere service publications dep F, Road Moline, Illinois, USA

BUCKINGAM, F. 1976, FMO Cultivo. John Deere service publications dep F, Road Moline, Illinois, USA

DERRY, T.K. WILLIAMS, T. 1997. Historia de la Tecnología. Volumen 3, 15ª Siglo XXI editores, México.

DOWNES, E. 2002. Dictionary of finance and investment terms. Barron's educational series, Jordan Elliot Goodman, Inc. USA

FONTAINE, R. 1999. Teoría de los precios. Alfa-Omega, Grupo editor, México

GARCÍA, D.F. 1991. Manual de formulas de ingeniería. 2ª. Editorial Limusa, México

GAVANDE, A.S. 1976. Física de suelos. Editorial Limusa, México

GIECk, K. 1993. Manual de formulas técnica. 19ª. Ediciones Alfa-omega, México

GRIFFIN, G.A. 1973. FMO Cosechadoras. John Deere service publications dep. F, Road Moline, Illinois, USA

HONORATO, P.R. 2000. Manual de edafología. 4ª. Alfa-omega grupo editor, México

HOPFEN, H.J. BIESALASKI, E. 1953. Pequeños aperos de labranza. FAO. Cuaderno de fomento agropecuario No. 32, Roma

HUNT, D. 1986. Farm power and machinery managment. Iowa University Press, USA

INNS, F. 1991. Matching tillage implements to draught animal potential. The Agric. Eng. 46 (1): 13-17, Agricultural Machinery Engineering at Silsoe College, Cranfield University, UK

IPPC. 1973. Weed Reserch Methods Manual. Oregon State University, Corvallis, Oregon 97331/EUA

JASA, J.P. 1997. Conservation tillages and planting systems. University of Nebraska cooperative extension, electronic version, Lincoln, USA

LANDSBURG, S.E. 2001. Teoria de los precios con aplicaciones. International Thomson editors, México

LUMME, A. 1958. Report to the goverment of Iran on the production of agricultural machinery, United Nations, New York, USA

MACERA, C.D. 1990. Crisis y mecanozación de la agricultura campesina. El Colegio de México, México

MARTÍNEZ, B.E. 1990. Los precios de garantía en México. Revista de Comercio Exterior, No. 40 (10) México

MATAIX, C. 2007. Mecánica de fluidos y máquinas hidráulicas. ALFAOMEGA Editores, México

MCCARTHY, J.R. 1999. Conservation tillage and residue management to reduce soil erosion. University of Missouri, Columbia, USA

MOLENAAR, A. 1956. Mecanismos elevadores de agua para riego. Cuaderno de fomento agropecuario No. 60, Roma-FAO

MORSE, R.D. VAUGHAM, H.D. 1993. Conservation tillage systems for transplanted crops (June 15-17) Conservation tillage conference, Monroe, LA, USA

MURCIA, H. 1982. Administración de empresas asociativas de producción agropecuaria. Serie de libros y materiales educativos, Instituto Interamericano de Cooperación para la Agricultura, San José, Costa Rica

GERMAN, W.H. 1980. Manual de fertilizantes. Editorial Limusa, México

NEWCOMER, J.L. 1978. No-till farming: it's not for everyone. Crops and soil magazine, USA

RUSSEL, J.C. 1957. Tillages practices in Irak. Abu Ghraid, Irak College of Agriculture

SARH-DEG, 1972. Encuesta nacional de costos y coeficientes técnicos y rendimientos de la producción agrícola en México. Dirección de Estudios Generales, México.

TECNOLOGÍA I. 1998. Motores. Enciclopedia de las ciencias. Editorial Cumbre, México

THIERRY, L. 1985. La mecanización de la agricultura de temporal: ¿cuál sociedad elegir? Revista de Comercio Exterior 35 (2) México

THOMPSON, L.M. 1978. Soils and soil fertility. 2ª. McGraw-Hill Book Company, New York, USA

TORREGROSA, H.A. Galindo, I.J. Climent, P.H. 2004. Ingeniería Térmica. Universidad de Valencia, ALFAOMEGA Editores, México

TRUEVA, V.A. 2001. Ley Federal del Trabajo. Editorial Porrua, México

VENTOLO, W.L. WILLIAMS, M.R. 1997. The art of real state appraisal. Dearborn Financial publishing Inc. Chicago, Ill. USA

WORTHEN, E.L. SAMUEL, R.A. 1959. Farm soils. John Wiley & sons Inc. New York, USA

ANEXO UNO
CONTROL DE INVENTARIO

NOMBRE DEL CENTRO DE APOYO			
LUGAR DE UBICACIÓN			
EQUIPO Y/O MUEBLE	**CARACTERÍSTICAS TÉCNICAS**	**NÚMERO DE INVENTARIO**	**PRECIO $**

OBSERVACIONES:

1. En la columna correspondiente a **equipo y/o mueble** se debe anotar el que corresponda, procurando agruparlos en orden, es decir en un listado los muebles y a continuación equipos, por ejemplo: tractor, cosechadora, arado, rastra, etc. Banco de trabajo, gabinete de líquidos inflamables, caja de herramientas rodante, gabinete de filtros, etc.
2. En la columna de **características técnicas** anotar parámetros como: potencia HP referida por el fabricante, número de cuerpos cortantes, dimensiones, indicar si cuenta con accesorios y enumerarlos, etc.
3. En la columna de **número de inventario** se anotará el número asignado en el inventario del centro y/o su número de marbete
4. En la columna de **precio $** anotar el valor consignado en la factura original de adquisición

ANEXO DOS
HOJA DE CAMPO

NOMBRE DEL PREDIO:			
UBICACIÓN:			
ASNM		TEMP. MEDIA	°C

EQUIPO EMPLEADO	**No. DE INVENTARIO**	**VELOCIDAD DE OPERACIÓN**	**ANCHO DE CORTE**

OBSERVACIONES:

Con los datos que se recopilen se puede obtener para cada equipo anotado su correspondiente **eficiencia de campo**, utilizando para ello la formula de trabajo siguiente:

Ac x Ve / 10 = ha/h => Ancho de corte x velocidad en kilómetros por hora / diez, igual a hectareas por hora de trabajo realizado

ANEXO TRES
HOJA DE CÁLCULO DE COSTO POR HORA

EQUIPO CON MOTOR DE COMBUSTIÓN INTERNA:		
RUBRO	**FÓRMULA**	**COSTO POR HR.**
Depreciación	Valor del bien / horas de vida útil	$
Intereses	Valor del bien por tasa anual de interés / horas de vida útil	$
Seguro	Valor del bien por tasa de aseguramiento % + gastos + IVA / horas de uso anual	$
Almacenaje	Valor de la construcción / horas de vida útil	$
	Sub total de costos de propiedad	$
Combustible	HP máximos al motor x 0.10875 x precio	$
Aceite motor	Litros del cambio + 10% x precio / horas del cambio	$
Aceite de Transmisión	Litros del cambio + 10% x precio / horas del cambio	$
Grasa lubricante	Número de puntos de engrase x 0.015 x precio / hrs. de la jornada	$
Filtros (todos)	Número de filtros x precio / hrs.entre cambios	$
Neumáticos (llantas)	Valor total de tres juegos / horas de vida útil	$
Rep.Ref. Mano de O.	Valor del bien x condiciones de operación en % / hrs. de vida útil	$
Administración	Valor del bien x 0.30 / hrs. de vida útil	$

Salario de tractorista	Costo calculado de la jornada de trabajo / hrs. de jornada	**$**
Prestaciones	Según la costumbre local ajustada a las hrs. de una jornada	**$**
	Sub total de costos de operación	**$**

ANEXO CUATRO
HOJA DE CÁLCULO DE COSTO POR HORA

HERRAMIENTA DE LABRANZA:		
RUBRO	**FÓRMULA**	**COSTO POR HR.**
Depreciación	Valor del bien / horas de vida útil	$
Intereses	Valor del bien por tasa anual de interés / horas de vida útil	$
Seguro	Valor del bien por tasa de aseguramiento % + gastos + IVA / horas de uso anual	$
Almacenaje	Valor de la construcción / horas de vida útil	$
	Sub total de costos de propiedad	$
Grasa lubricante	Número de puntos de engrase x 0.015 x precio / hrs. de la jornada	$
Neumáticos (llantas)	Valor total de tres juegos / horas de vida útil	$
Rep.Ref. Mano de O.	Valor del bien x condiciones de operación en % / hrs. de vida útil	$
Administración	Valor del bien x 0.30 / hrs. de vida útil	$
	Sub total de costos de operación	$

ANEXO CINCO
HOJA DE CÁLCULO DE COSTO POR HORA
TECNOLOGÍA TRADICIONAL

PEÓN DE CAMPO:		
VALOR DEL FACTOR $		
RUBRO	**FÓRMULA**	**COSTO POR HR.**
Depreciación	Valor total del factor / horas de vida útil	$
Intereses	Valor total del factor por tasa anual de interés / horas de vida útil	$
Seguro	Valor total del factor por tasa de aseguramiento % + gastos + IVA / horas de uso anual	$
Vivienda	Valor del inmueble / horas de vida útil	$
	Sub total de costos de propiedad	$
Alimentos	Valor de las calorías en pesos / hrs. de trabajo a la semana	$
Ropa y calzado	Valor estimado anual de las compras / hrs. de trabajo anual	$
Médico medicinas	Valor total x 0.80 / hrs. de vida útil	
Administración	Valor del factor x 0.30 / hrs. de vida útil	$
	Sub total de costos de operación	$

Observaciones:

1. Como vida útil se estimó en 45 años de actividad laboral y 13,400 horas, iniciando a los 20 años de edad.
2. Con un gasto en calorías por hora laboral de 262.09 => lo que equivale a 0.4 HP por minuto
3. La semana laboral se calculó a seis días con seis horas de trabajo por día

ANEXO SEIS
HOJA DE CÁLCULO DE COSTO POR HORA
TECNOLOGÍA TRADICIONAL

BESTIAS DE TRABAJO:		
VALOR DEL BIEN: $		
RUBRO	**FÓRMULA**	**COSTO POR HR.**
Amortización	Valor del bien / horas de vida útil	$
Intereses	Valor del bien x tasa anual de interés / horas de vida útil	$
Seguro	Valor del bien por tasa de aseguramiento % + gastos + IVA / horas de uso anual	$
Caballerizas	Valor del cobertizo / horas de vida útil	$
	Sub total de costos de propiedad	**$**
Forraje	Valor de la ración / horas de la jornada	$
Agua	Consumo de litros estimados por día x 0.055 / hrs. de la jornada	$
Herraduras	Valor de tres juegos completos / horas de uso anual	$
Vacunas	Valor estimado del antígeno / horas de uso anual	$
Veterinario	Valor total del bien x 0.80 / horas de vida útil	$
Administración	Valor del bien x 0.30 / hrs. de vida útil	$
Salario de peón	Valor de la jornada de trabajo / horas de la jornada	$
	Sub total de costos de operación	**$**

ANEXO SIETE
HOJA DE CÁLCULO DE COSTO POR HORA
TECNOLOGÍA TRADICIONAL

APEROS Y HERRAMIENTAS:		
VALOR DEL BIEN: $		
RUBRO	**FÓRMULA**	**COSTO POR HR.**
Amortización	Valor del bien / horas de vida útil	$
Intereses	Valor del bien por tasa anual de interés / horas de vida útil	$
Seguro	Valor del bien por tasa de aseguramiento % + gastos + IVA / horas de uso anual	$
Almacenaje	Valor de la construcción / horas de vida útil	$
	Sub total de costos de propiedad	$
Arado	Valor del bien / horas de vida útil	$
Collera	Valor del bien / horas de vida útil	$
Balancín	Valor del bien / horas de vida útil	$
Palotes	Valor del bien / horas de vida útil	$
Cadenas	Valor del bien / horas de vida útil	$
	Sub total de costos de operación	$

OBSERVACIONES:

Como **valor del bien**, para facilitar los cálculos de amortización, intereses y seguro, es conveniente tomar la sumatoria de: arado, collera, balancín, palotes, cadenas. Porque el costo de mercado para cada uno de los arreos enumerados es en extremo bajo, pero en conjunto dan una cantidad fácil de manejar

ANEXO OCHO
INFRAESTRUCTURA

Cobertizo con una superficie útil de 2 200 metros cuadrados, techada a dos aguas, con piso de cemento y barda en sus cuatro lados.

Instalaciones eléctricas compuestas de líneas de 110 y 220 Voltios. Tomas de agua y sistema de drenaje.

CANTIDAD	DESCRIPCIÓN DEL ARTÍCULO	COSTO
3	Banco de trabajo para mecánico	$
1	Banco de trabajo para herrero	$
1	Compresor de aire de 76 litros con motor de 0.5 HP	$
1	Equipo hidroneumático para el área de lavado	$
1	Generador para soldadura de arco	$
1	Equipo de soldadura oxi-acetileno	$
3	Caretas para soldadura de arco	$
3	Gafas para soldadura oxi-acetileno	$
6	Juegos de guantes y delantales de cuero	$
6	Juegos de guantes y delantales de asbesto	$
4	Tornillos de banco tipo industrial	$
1	Polipasto tipo sinfín con capacidad para cinco toneladas	$
1	Prensa hidráulica con capacidad de 20 toneladas	$
1	Dinamómetro de piso para medir potencia de tracción	$
1	Dinamómetro de carretilla para medir potencia en Toma de Fuerza	$

1	Equipo para verificar presión de sistema hidráulico	
1	Equipo verificador de toberas de inyección diésel	
2	Vacuometros	
3	Gatos hidráulicos tipo botella de 5 toneladas de capacidad	
1	Gato hidráulico de patín de 3 toneladas de capacidad	
1	Equipo neumático para engrasado	
3	Sopletes pulverizadores de solventes	
1	Cargador de acumuladores servicio de taller	
1	Taladro de baja velocidad para banco de trabajo	
1	Taladro de alta velocidad portátil	
1	Esmeril de banco de servicio pesado	
1	Levanta vávulas de arco	
2	Opresores de anillos para pistones de 3" a 6"	
1	Tacómetro portátil de 0 a 5 000 RPM	
1	Juego de machuelos rosca fina de 1/16" a 1/2"	
1	Juego de machuelos rosca estándar de 1/16" a 1/2"	
1	Juego de tarrajas rosca fina de 1/16" a 1/2"	

CANTIDAD	DESCRIPCIÓN DEL ARTÍCULO	COSTO
1	Juego de tarrajas rosca estándar de 1/16" a 1/2"	
1	Juego de brocas de alta velocidad capacidad acero de 1/16" a 1/2"	
1	Juego de corta tubo y avellanador para servicio automotriz	
2	Torquimetros de 0 a 500 libras	
1	Juego de micrómetros de servicio automotriz	
1	Indicador micrométrico carátula de reloj con accesorios	
2	Calibrador pie de rey	
4	Calibradores milimétricos de hojas	
1	Juego de cortafrios	
1	Juego de botadores	
2	Juegos de desarmadores planos	
2	Juegos de desarmadores Phillips (de cruz)	
1	Juego de llaves de caja, extensiones, matraca y palanca de 1/2"	
1	Juego de llaves de caja, extensiones, matraca y palanca de 3/4"	
2	Juegos llaves españolas de 3/8" a 1" ¼	
2	Juegos de llaves de estrías de 3/8" a 1" ¼	
3	Llaves Stilson de 12", 18", 24"	
3	Llaves cressent de 12", 18", 24"	
5	Pinzas de mecánico	
3	Pinzas de electricista	
2	Pinzas de corte	
3	Pinzas de presión	
3	Martillos de bola	
2	Marros de 14 lbs	

CENTRO Y LABORATORIO DE MECÁNICA AGRÍCOLA
ÁREA OCUPADA: 1 200 METROS CUADRADOS

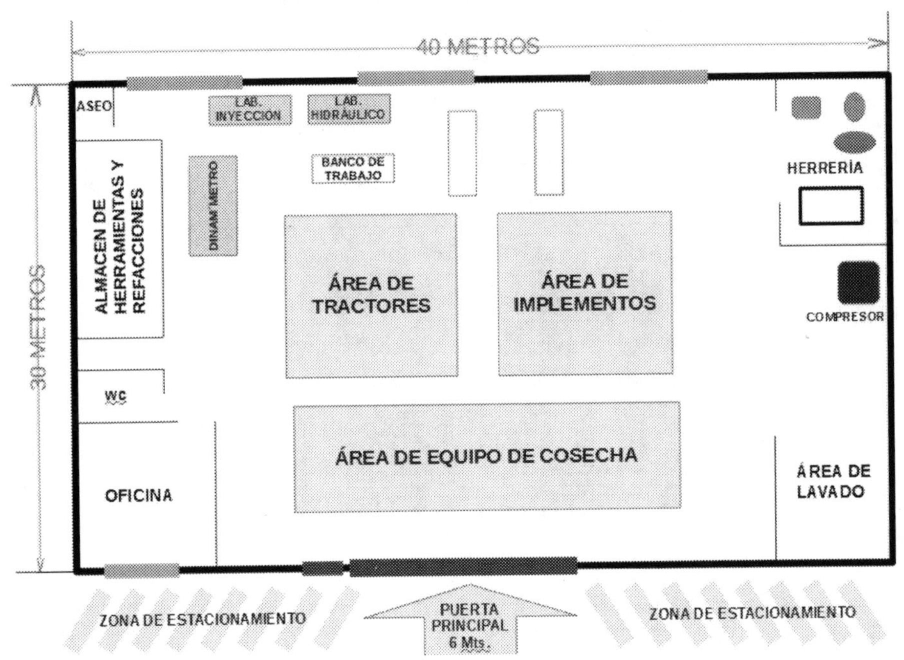